AF821318

tao.de

Helmut Heier

Sind unsere Werte noch was wert

tao.de

© 2017 tao.de in J. Kamphausen Mediengruppe GmbH, Bielefeld

Autor: Helmut Heier

Printed in Germany

Verlag: J. Kamphausen Mediengruppe GmbH, Bielefeld · www.tao.de

Bibliographische Information der Deutschen Nationalbibliothek: Die Deutsche Nationalbibliothek verzeichnet diese Publikation in der Deutschen Nationalbibliographie; detaillierte bibliographische Daten sind im Internet über http://dnb.de abrufbar.

ISBN
Paperback: 978-3-96051-385-8
Hardcover: 978-3-96051-386-5
e-Book: 978-3-96051-387-2

Das Werk, einschließlich seiner Teile, ist urheberrechtlich geschützt. Jede Verwertung ist ohne Zustimmung des Verlages und des Autors unzulässig. Dies gilt insbesondere für die elektronische oder sonstige Vervielfältigung, Übersetzung, Verbreitung und öffentliche Zugänglichmachung.

Sind unsere Werte noch was wert?

Der Begriff Werte hat nichts mit materiellen Werten zutun, es sind Eigenschaften einzelner Personen, Gesellschaften oder Regierungen einzelner Staaten, von denen sie ausgehen. Sie sind somit wichtig für eine funktionierende Gesellschaft, in der die Menschen ihren Wünschen und gesteckten Zielen nachgehen und verwirklichen können. Dieses ist leichter umzusetzen in einem demokratisch geführtem Land, als in einer Diktatur, wo der Staat Werte wie Freiheit, freie Meinungsäußerung, um mal zwei wichtige zu nennen, drastisch einzuschränken versucht und es oftmals auch mit harten Maßnahmen durchführt. Er diktiert wie der einzelne Bürger sich zu verhalten hat und verteufelt Werte von freien und ohne Zwang lebenden Menschen in aller Welt. Wir in Deutschland haben dieses zu Genüge in und um die Zeiten des ersten und zweiten Weltkrieges erlebt, wo man zum Beispiel Tapferkeit dem Feinde gegenüber den Menschen als Wert verkaufte und Menschenrechte auf grauenvolle Art mit Füßen trat. Das Recht auf Leben war für viele Menschen eine Farce und man kann nur von Glück sprechen, dass wir Deutschen aus dem letzten Krieg nicht als Sieger hervorgegangen sind, ich möchte nicht wissen, was im anderen Falle noch alles geschehen wäre. Wir haben so schon oft genug Schuld auf uns geladen.

Am 23. Mail 1949 durch die Verkündung des Grundgesetzes und am 07. September des gleichen Jahres durch die Gründung der Bundesrepublik Deutschlands sind wichtige Werte wie das Recht auf Freiheit, Meinungsäußerung und Wahrung der Menschenrechte fest in der Verfassung verankert worden. Sie sind einige der Grundsteine für eine Demokratie.

Der Begriff oder Ausdruck Werte gehört erst so recht in den letzten Jahren zum Sprachgebrauch der Bürger und Bürgerinnen unseres Landes, da man sieht und befürchtet, dass vieles bei uns im Staate aus dem Ruder läuft. Ich werde sicherlich noch auf das Ein oder Andere dieser Dinge in meinen Ausführungen zurückkommen. Ich versuche das Ganze mit einfachen und verständlichen Worten des kleinen Mannes von der Straße zu kommentieren.

Durch die Aufhebung des Viermächtestatus und die dadurch entstandene Selbstbestimmung der deutschen Regierung in wichtigen Sachen der In- und Außenpolitik, ist es uns gelungen wieder ein vertrauensvoller Partner in der Welt zu werden. Durch Unterstützung einiger Staaten der westlichen Welt und hier sind besonders die Amerikaner zu erwähnen, haben wir, durch Aufopferung und Fleiß eines jeden Bürgers, den Aufbau im materiellen wie auch im wirtschaftlichen Bereich vorangetrieben. In dieser Zeit sind Werte entstanden, die das Zusammengehörigkeitsgefühl der Gesellschaft gestärkt haben. Als die Städte zerbombt und alles am Boden lag, Trauer und Verbitterung durch die Reihen der Menschen schlich, da fast jede Familie einen der Ihren in diesem verehrenden Krieg verloren oder vermisst hatte, da haben die Herzen zueinander gefunden. Man griff sich hilfsbereit unter die Arme. Das, was der Krieg übrig gelassen hatte, wurde zusammen getragen und zum Neuaufbau verwertet. Werte der Nächstenliebe, Hilfsbereitschaft, gegenseitigem Respekt, nicht nur dem menschlichen Leben gegenüber, nein auch dem der Tiere. Alles Dinge die heute nicht mehr so selbstverständlich sind. Was hat der Krieg für Narben hinterlassen bei Müttern, die ihre Söhne verloren haben, bei Frauen deren Mann, bei Kindern deren Vater und diejenigen, die durch Flucht dem Gräuel entkommen oder aus der Gefangenschaft kamen, sie alle sind für ihr Leben gezeichnet. Ich habe vieles von dem als Kind mitbekommen und später erlebt, dass Personen keinen Zugriff zum normalen Leben bekamen und im Alkohol ihre Zuflucht suchten. Sie waren als 17/18 jährige eingezogen worden, gesund und stark, voller Tatendrang. Geimpft von einer Ideologie, dem sogenannten Endsieg der deutschen Wehrmacht. Als psychisch gebrochene Menschen kamen sie zurück und sie waren nicht mehr in der Lage ihre Familie und anderen Personen gewisse Werte zu vermitteln. Sie kannten nur Gehorsam und Drill, der ihnen auferlegt wurde und glaubten dieses auch im normal späteren Leben praktizieren zu müssen.

Apropos Gehorsam, es war damals eine andere Erziehung als die, der heutigen. Ich denke da nicht nur an die Familie, nein auch die Schule und die Kirche beteiligten sich an der Erziehung und dieses manchmal in einer sehr autoritären Art und Weise. Respekt und Gehorsam gewissen Personen gegenüber sind sicher Werte, die zu einer Gemeinschaft gehören, aber zu jener Zeit auch oft in Missbrauch endeten. Ich kann mich da noch recht gut an meine Kindheit erinnern. Ich hatte damals einen gesetzlichen Vormund, den Bruder meiner Mutter, die leider sehr früh verstarb und mein leiblicher Vater im Krieg verschollen war, der glaubte mit übertriebender Strenge mich erziehen zu müssen. Ohrfeigen oder den Arsch versohlen, wenn ich es so mal ausdrücken darf, waren nach einer ungehorsamen Tat an der Tagesordnung. Wurde man nach einem, für heutige Verhältnisse, harmlosen Streich vom Nachbarn erwischt, gab es ebenfalls was hinter die Löffel und man brauchte erst gar nicht sich Zuhause darüber beschweren, denn dann drohte einem das Gleiche. In der Schule gab es Lehrpersonen, Pädagoge ist wohl nicht die zutreffende Bezeichnung, die hier und da mal einem Störenfried ein Stück Kreide oder gar einen Schlüsselbund an den Kopf warfen.

Da ich ein unwahrscheinlich lebhaftes Kind, ein sogenannter „Hansdampf in allen Gassen“ war, wie man so im Volksmund sagt, mussten meine Hände oftmals dem Schmerz durch Stockhiebe widerstehen. Bedingungsloser von Respekt und Gehorsam gegenüber den von mir erwähnten Personen war schon übertrieben und es ist schon richtig, dass es sowas heute nicht mehr gibt. In der Familie waren die Hierarchien klar und deutlich verteilt, der Vater brachte das Geld für den Lebensunterhalt nach Hause und die Mutter war mit dem Haushalt und der Erziehung der Kinder beschäftigt. Ab einem gewissen Alter wurden auch die Kinder mit häuslichen Aufgaben betraut, um der Mutter einiges an Arbeit abzunehmen. Diese Hilfe bezog sich, wie ich es in einer Großfamilie erlebt habe, auf die Gartenarbeit und das Versorgen von Haustieren. Es waren wichtige Eigenschaften, die mir und sicher auch vielen anderen Personen im fortgeschrittenen Alter zugutekamen. Es war eine gesellschaftliche Grundordnung vorhanden, die es heute so in diesem Sinne fast nicht mehr vorhanden. Es gibt kaum noch Großfamilien und die Erziehung, ich habe es ja schon mal erwähnt, ist auch eine ganz Andere geworden. Zur damaligen von mir beschriebenen Grundordnung trug neben Familie und Schule auch die Kirche ihren Beitrag, sie war präsent in allen Lebensabschnitten der Menschen. Ich bin im katholischen Glauben erzogen worden und ich kann mich noch gut daran erinnern welche Aufgaben die Kirche uns Kindern damals aufbürdete. Neben der wöchentlichen Schulmesse und Abnahme der Beichte, war der sonntägliche Kirchgang eine absolute Pflicht. Entgegen in den Städten, so wurde in ländlichen Gebieten in deren Gemeinden schon darauf geachtet, wer den Anordnungen und Anforderungen der Kirche nachkam und wer nicht. Wir Kinder hatten zum Beispiel einen höllischen Respekt vor der katholischen Beichte, auf die wir im schulischen Religionsunterricht akribisch vorbereitet wurden. Dort erklärte man uns die lässlichen und die etwas schwereren Sünden. Aus heutiger Sicht kann ich nur sagen, was für ein Schmarrn. Was haben sich die Kirchenfürsten nur damals dabei gedacht, Kindern mit dermaßen Druck, ja fast einem Angstgefühl in den

Beichtstuhl zu schicken? Der Beichtstuhl war ein Ort, wo man ob Erwachsen oder Kind, einen Teil seiner Identität hinterließ und in so manchen Fällen von den Geistlichen als Druckmittel in irgendeiner Sache verwendet wurde. Nach Verlassen des Beichtstuhles und des aufgetragenen Bußgebetes ging man gelöst in den normalen Alltag über und die Sünden häuften sich bis zur nächsten Beichte wieder an. In dieser Sache war die protestantische Kirche schon weltoffener, wie in so vielen anderen Dingen auch. Man gängelte den einzelnen Menschen nicht so, sondern überließ vieles ihm selbst, wie er sich zum Glauben und zu seiner Kirche verhielt. Beide Konfessionen, dieses musste ich als Kind in den Nachkriegsjahren erleben, waren sich in keinster Weise freundlich gesinnt, sondern machten sich das Leben schwer. Die Minderheit der Menschen in jeweiligen Orten wurde in Situationen des täglichen Lebens unterdrückt und diskriminiert. Aber und dieses möchte ich nun auch mal herausstellen, es war nicht alles schlecht, was die Kirche durch ihre Vertreter tätigten. In all ihrer Dominanz, die sie versuchten auszuüben, war auch immer etwas Positives zu erkennen. Werte wie Nächstenliebe, Hilfsbereitschaft, Respekt und Anteilnahme, um nur einige zu nennen, brachten sie in die Gesellschaft ein. Es waren klare Lebensmerkmale, die den Menschen von gewissen Sachen abhielt., die ihn positiv prägten und zum gesellschaftlichen Zusammenhalt beitrugen. Maßgebend für die kirchliche Dominanz war sicherlich auch die Armut der Menschen zur damaligen Zeit, da viele ihr Heil oder ein Teil dessen im Glauben suchte. Vieles von dem haben die Kirchen in den darauffolgenden Jahren verloren und stehen in der heutigen Zeit quasi am Scheideweg ihren Einfluss auf die Menschen ganz zu verlieren. Man betrachte nur mal die jährlichen Kirchenaustritte, dieses sucht nach Gründen. Hier ist vor allem die katholische Kirche gut beraten ihr bisherige Haltung zu verändern und ein anderes Auftreten der Menschen der ganzen Welt zu praktizieren, damit Werte, die für unsere Gesellschaft wichtig sind, nicht auch noch verloren gehen.

Achtung vor jeglichem Leben, ein Wert eingebunden in der heutigen Zeit, den man nicht hoch genug ansiedeln kann. Hier möchte ich mich nicht nur auf das menschliche Leben beschränken, wo man, was die jüngsten Ereignisse im Weltgeschehen betrifft, genug Argumente zur Hand hat. Auch im Umgang mit dem Menschen nahestehender Nutztieren gibt es Beispiele, die zu großen Besorgnissen Anlass geben. Ich geh gerade nochmal zurück bis in die Nachkriegsjahre, wo allein schon aus der Not heraus ein respektvolles Verhalten diesen Geschöpfen gegenüber gewährleistet war, da man auf ihre abgebenden Produkte wie Eier, Fleisch und Milch dringend angewiesen war um zu überleben. Auch Tieren wie Hund und Katze, die damals fast zu jedem Normalhaushalt gehörten, brachte man eine gewisse Liebe entgegen. In Ballungsgebieten der Großstädte kamen diese Tiere seltener vor als in Orten auf dem Lande. Ihnen fehlte dort der nötige Auslauf und ich glaube auch das Interesse der Stadtmenschen war nicht so vorhanden, wie es heute der Fall ist. Es fehlte die nötige Zeit um sich um diese Tiere zu kümmern. Da sich das Spielverhalten und das Freizeitverhalten von Kindern und Erwachsenen grundlegend verändert haben, hat sich die Anzahl von Hunden und Katzen, ich beschränke mich erstmals auf die beiden Tierarten, rapide vermehrt. Kinder sehen diese als sogenanntes Spielobjekt, für den Erwachsenen in den verschiedenen Lebenslagen ein verlässlicher Partner, dies ist überwiegend auf den Hund bezogen. Was die Nutztierhaltung betrifft, hat sich durch ein intensiveres Konsumverhalten der Menschen vieles negativ verändert. Die Vervielfachung des Konsums trieb den Menschen dazu, aus kleinen Nutztierhaltungen mit humanitärem Aspekt zur Massentierhaltung überzugehen, wo Tiere auf engstem Raum zusammengepfercht leben müssen, nur des Profites wegen. Wie oft werden uns Bilder in den Medien oder im Fernsehen vorgehalten, die das Grauen in großem Umfang zeigen. Es ist schon erschreckend anzusehen, wie geschundene Nutztiere in einzelnen Großstallungen aussehen und mit welcher Härte verantwortliche Personen darüber hinweg schauen. Besonders auffällig erscheint es mir in der Hähnchen und Schweinezucht. Um innerhalb kurzer Zeit schlachtfertig zu sein, werden diese Tiere bewegungsmäßig eingeengt, regelrecht gemästet um ein gewisses Verkaufsgewicht zu erreichen. Man sieht Tiere, die sich durch ihre angefressenen Fleischpolster kaum noch auf den Beinen halten können. Auftretende Krankheiten, so war es mehrfach zu hören, werden medikamentös wie zum Beispiel mit Antibiotika behandelt und man ist sich nicht sicher, ob diese Substanzen dem Verbraucher nicht mit auf den Tisch gegeben werden. Ich hoffe, dass so schnell wie möglich ein Umdenken in dieser Sache in unserer Gesellschaft geschieht und den schwarzen Schafen der Branche das Handwerk gelegt wird. „Keinem Tier füge Schmerzen zu, denn es fühlt genau wie du“, ein Spruch im deutschen Volksmund, der bedauerlicherweise an Aussagekraft verliert. Viele Erwachsene wie auch Jugendliche machen sich darüber in der heutigen Zeit kaum noch Gedanken, es wird auch wahrscheinlich in den Familien zu wenig oder fast nicht über das Verhalten zwischen Mensch und Tier gesprochen. Ich weiß noch wie mein Großvater, sofern es ihm die Zeit erlaubte, mit mir als kleiner Junge zu Fuß oder auf dem Fahrrad raus in die Natur ging und mir alles über Pflanzen und Tiere, die gesichtet wurden, erklärt hat. Er wusste über die Verhaltensweisen der heimischen Tierwelt Bescheid und gab sie seinem Enkel weiter. Desgleichen wurde im Naturkundeunterricht in der Schule Themen dieser Art angesprochen und diskutiert. Ich weiß, dass heute Kinder und Schüler nicht mal einen Spatz von einem Buchfinken unterscheiden können und so manche Lehrperson sicherlich auch nicht. Viele Menschen bewegen sich zwar in der Natur, wegen der frischen Luft und ihrer Gesundheit, doch sie nehmen sie nicht wahr, können ihr nicht positives abringen. Die Interessen der Menschen haben sich verschoben. Wen interessiert da noch ein Schmetterling, ein Käfer, eine Eidechse oder andere Kleinlebewesen. Hier und da sieht man sie noch, doch im Gedankengut vieler Menschen spielen sie keine Rolle. Im Gegenteil, ich habe schon oft erlebt, dass man bewusst ein Kleintier, wie einen Käfer oder Schnecke, mit dem Fahrrad überfahren oder einfach zertreten hat, ohne sich darüber Gedanken zu machen. Hunde und Katzen werden, wenn man wegen des Pflegeaufwandes ihrer überdrüssig geworden ist, oftmals auf schändliche Art und Weise entsorgt. Verständnisvoll wäre eine andere interessierte Person, oder zu einem Tierheim, wobei diese laut Statistik längst überfüllt sind und ihnen die Versorgungskosten über den Kopf wachsen. Kein Verständnis habe ich für ein Aussetzen dieser Tiere irgendwo in der Fremde, wo man sie ihrem Schicksal überlässt, oder wie man immer wieder hört und liest, Tiere dieser Art in einer Mülltonne entsorgt oder in einem Gewässer ertränkt. Mir liegt zufällig ein Zeitungsartikel vor, in dem eine weibliche Person mit Hilfe ihres Freundes einen neun Monate alten Dobermann totgetreten und mit Klebeband um Schnauze und Füßen in einem See versenkt haben. Der junge Dobermann musste sterben, weil er nicht stubenrein werden wollte. Sie sollen, laut Zeitungsbericht, für den Tod weiterer zwei Hunde verantwortlich sein, den einen haben sie erstochen, den Anderen wie es den von mir vormals erwähnten, durch brutale Tritte auf Kopf und Körper getötet. Wer sowas macht, dem traue ich auch ein brutales Verhalten Menschen gegenüber zu, sie zeigen eine Kälte, die unvorstellbar erscheint. Mit läuft es schon kalt den Rücken herunter, wenn ich

Bilder von misshandelten Tieren in der Presse und dem Fernsehen sehe und was die Augen der Tiere dann zum Ausdruck bringen. Ich habe gut 18 Jahre einen Hund gehabt und viele schöne Stunden und Erlebnisse mit ihm haben dürfen. Durch schmerzhafte Gebrechen in diesem, für einen Hund sehr hohen Alter, musste ich ihn einschläfern lassen, um ihn von seinem Leiden zu erlösen. Es sind bei mir und der ganzen Familie Tränen geflossen und es war fast so, als hätte man ein Kind verloren. Den Wert für ein würdevolles Leben und auch Sterben eines jeden Tieres, sollten wir Menschen nicht außer Acht lassen.

Mit Tieren lässt sich Geld verdienen, dies ist in einer Konsumgesellschaft wie der unseren ja auch normal. Auf eines sollten wir doch alle sehr achten, es muss in einer humanitären Art und Weise geschehen und nicht zum Leidwesen der schwächeren Kreatur. Weg mit den mafiösen Geschäften mit Hundewelpen und die, von mir schon erwähnte Massentierhaltung! Weg mit den langen Tiertransporten unter verheerenden Bedingungen, bei denen Tiere Qualen bis hin zum Tode ausgesetzt sind! Verbietet den Handel mit exotischen Tieren, lasst sie in ihrem normalen Lebensraum und pfercht sie nicht in enge Käfige, wo sie dem Menschen zur Schau gestellt werden. Hier nehme ich ein bisschen die großen zoologischen Gärten raus, sie bemühen sich, den Tieren das Leben so angenehm wie möglich zu machen. Außerdem wäre so manche Tierart ohne die Nachzucht in diesen Anlagen schon fast ausgestorben und so uns Menschen nicht mehr zugänglich. Anders und schlimm sind die Tierhandlungen, die exotische Tiere an private Haushalte vermitteln, wo sie auf keinen Fall hingehören. Schlangen, Chamäleons, Spinnen, ja selbst Krokodile, um nur die geläufigsten zu nennen, haben in Privatbesitz nichts zu suchen, sie leben dort in Gefangenschaft. Immer wieder tauchen im Fernsehen Bilder aus afrikanischen und asiatischen Ländern auf, wo Tiere wie Elefanten wegen des Elfenbeins, sowie Nashörner nur ihres Hornes wegen, abgeschlachtet werden. Im Horn sollen stimulierende Substanzen enthalten sein, die bei so manchen Spinnern dieser Welt zum Tanz der sexuellen Hormone beitragen sollen. Für so einen Schwachsinn nimmt man eine totale Ausrottung dieser Geschöpfe in Kauf und die Welt ist wieder um einiges, was die Natur angeht, ärmer.

Stoppt diese Praktiken und sagt diesem Geschehen weltweit den Kampf an. Die Natur ist ein Wert, den man uns Menschen gegeben hat und den wir auch schützen und pflegen sollten. Diese Pflege und dieser Schutz sind in der Vergangenheit stark in Verruf geraten. Zahlreiche Verschmutzungen von Flüssen und Meeresteilen schweben uns sicher noch vor Augen, bei denen Tiere im Wasser sowie an Land den Tod fanden. Gewissenlose Unternehmen entsorgen in diesen Gebieten ihren Giftmüll, machen die Meere, wenn da nicht Einhalt geboten wird, zu einer Unterwasserdeponie, sie zerstören dadurch eine Tierwelt, die atemberaubend schön ist und die, die jüngsten Forschungsergebnisse belegen es, noch gar nicht erforscht ist. Wie groß muss der materielle Egoismus sein, um solch unsinnige Taten zu begehen? Der Herrgott, wenn es ihn in unserer religiösen Vorstellung gibt, hat uns diesen unsagbaren Wert die Natur gegeben, um ihn in seiner Vielfalt zu erhalten und sie nicht, nur des Profites wegen, zu zerstören. Der Kampf um die Vorherrschaft einiger Staaten um Bodenschätze wie Öl, Gas und andere Mineralien geht zu Lasten dieser, teils noch unerforschten Tierwelt und wenn nicht ganz schnell der normale Menschenverstand einsetzt, ist diese Wasserwelt der Tiere vernichtet, ehe sie der Allgemeinheit durch Unterwasseraufnahmen zugänglich gemacht worden ist. Wie die jüngsten Forschungsaufnahmen zeigen, gibt es in den Untiefen der Meere Lebewesen, die vom Profil her an die Tiere der Urzeit erinnern. Hier, so behauptet man, ergeben sich für die Wissenschaft neue Erkenntnisse und Belege über unseren Planeten.

Vom Wasser schwenk ich jetzt mal rüber zu unseren Urwäldern, man spricht hier von der grünen Lunge dieser Erde. Immer öfter wird oder ist die Rede vom ökologischen System, was so nach und nach aus dem Gleichgewicht gerät und den Menschen auf diesem Planteten von einer Naturkatastrophe in die Andere treibt. Das kontinuierliche Roden dieser Wälder in Südamerika und auf dem afrikanischen Kontinent tragen sicher zu diesem Ungleichgewicht bei. Auch hier ist die Gier nach Besitz und Reichtum verantwortungsloser Großgrundbesitzer größer als die Vernunft. Die Bewegungsfreiheit und der Lebensraum von den dort lebenden exotischen Tieren werden durch diese Vorgehensweise drastisch eingeschränkt und viele Tierarten sind heute schon von einer Ausrottung betroffen. Ich möchte und sicher ist die Mehrzahl der Menschen der gleichen Meinung, nicht an Naturbildern und Dokumentarfilmen der heimischen, wie auch der exotischen Tierwelt, erfreuen. Das Gleiche gilt auch für die Vielfalt und Schönheiten der Pflanzenwelt, die uns die Natur beschert. Achtung und Respekt ist geboten, ansonsten wird die Welt ärmer, als sie schon ist. Hier sollten wir nicht so egoistisch sein, sondern an die nachfolgenden Generationen denken. Der Patient Erde leidet neben der Zerstörung, der von mir angesprochenen Natur, auch an einem maßlosen Ausstoß von CO^2 werten der Industriestaaten in die Atmosphäre. Beängstigend dadurch ist eine zunehmende Klimaerwärmung, die das Gleichgewicht zwischen den kalten und warmen Zonen auf unserer Erde gewaltig ins Wanken bringt. Vermehrte Umweltkatastrophen sind die Folgen bei denen die Ärmsten der Armen zumeist die Leidtragenden sind. Ihre Regionen werden von Überschwemmungen und Stürmen heimgesucht und ihr mühsam zusammengesuchtes Hab und Gut in Sekunden zerstört. Über Jahre wird in den großen Industriestaaten darüber diskutiert, doch auch hier behält das Profitdenken gegenüber der Vernunft das Übergewicht, man spielt hier mit den nachfolgenden

Generationen. Wenn nicht schnellstens etwas geschieht in dieser Sache, dann gibt es auch für die Reichen dieser Welt kein Fleckchen Erde mehr, wo sie sich vor den Naturgewalten sicher fühlen können.

Wie sieht es mit den Werten der Menschen untereinander aus und was hat sich da in den letzten Jahrzehnten verändert? Nach dem zweiten Weltkrieg, ich komme nochmal darauf zurück, waren alle intensiv mit dem Neuaufbau ihrer eigenen Habe, wie auch des gesamten Staates beschäftigt. Hier taten sich Werte hervor, ich will sie nicht nochmal erwähnen, die die Gesellschaft zusammenschweißten und in einem unvorstellbaren tempo Deutschland wieder ein Gesicht in der freien Welt bescherten. Es entstand eine Konsumgesellschaft, die bei so manchem Land nicht nur Neid, sondern auch ängstliche Bedenken aufkommen ließ. Zu frisch waren da noch die Erinnerungen an das Hitlerregime und dessen grauenvolle Begleiterscheinungen. Die verantwortliche Politik hat dieses Gesicht nicht zu einer Fratze, sondern zu einem vertrauensvollen und nach der Freiheit strebenden Antlitz werden lassen. Nicht nur die Politik, sie hat sicher die Vorlagen gegeben, nein vor allen Dingen war es dem Fleiß der Menschen unseres Landes geschuldet, um Deutschland zu dem zu machen, was es heute ist. Was hat sich da in Bezug auf die Werte in den letzten Jahrzehnten verändert, lautete meine Frage und dieser möchte ich nun mal nachgehen. Der immer mehr steigende Konsum hat aus einer ehemals engen zusammengewachsenen Gesellschaft eine mehr und mehr Ich- sprich Egogesellschaft gemacht, in der jeder nur noch auf sich selbst schaut. In der Blütezeit unseres Staates, so um die 60er Jahre, wo Arbeit und Beschäftigung für jeden von uns vorhanden und Geld genug im Umlauf war, schon da entstand der Begriff Gier.

Etwas was sich bis hin zur heutigen Zeit in unserer Gesellschaft verfestigt und wirtschaftlich wie menschlich zu verheerenden Folgen geführt hat. Man denke da nur an die jüngste Wirtschafts- und Finanzkrise, die nicht nur unserem Land, sondern fast in ganz Europa zum Schaden gereichte. Bis heute hat sich Europa, das eigentlich zum Staatenbund zusammenwachsen sollte, davon nicht erholt. Der fast wirtschaftliche Kollaps einiger Staaten führte zu hohen Arbeitslosenzahlen und besonders davon betroffen sind die jungen Menschen. Man spricht heute von einer gesellschaftlich auseinander driftenden Schere zwischen einer finanziell gut gestellten Oberschicht und einer ärmer werdenden Unterschicht. Schon in der Zeit des sogenannten Wirtschaftswunders, wenn dieser Begriff überhaupt seine Berechtigung hatte, fing die Schere an sich auszuweiten und hat mittlerweile Ausmaße erreicht, die einen sozialen Frieden mehr und mehr in Frage stellt. Man spricht in einem so hochmodernen Industriestaat wie es Deutschland nun mal ist, von zunehmender Armut. Für einen normal denkenden Menschen, so nehme ich es an, unvorstellbar. Einige Rahmenbedingungen einer gewissen Gesellschaft gegenüber sind bedenkenswert und Reformen zu einer Regulierung des Arbeitsmarktes sind erforderlich, um eine gerechte Entlohnung aller Bürger zu gewährleisten. Die Politik oder vielmehr die dort in der Verantwortung stehenden verharmlosen Probleme, in dem sie auf herabsinkende Arbeitslosenzahlen verweisen und versuchen den Bürgern in vielen Sachen hinters Licht zu führen. Weniger Arbeitslose fürwahr, doch wie setzt sich diese, für den Bürger vorgehaltende Statistik, zusammen? Die Zahl der befristeten Arbeitsplätze häuft sich und bei Ablauf der Befristung tauchen sie in dieser Statistik nicht als Arbeitslose auf. Ferner rutschen immer mehr in den Niedriglohnsektor, wo sie von dem verdienten Geld nicht leben können, geschweige erst eine Familie ernähren. Damit mehr Kinder geboren werden, wovon immer nur geredet wird, sollten wir der Umverteilung von unten nach oben schnellstens einen Bremsklotz vorlegen und den ganz Reichen in diesem Staat mal genauer auf die Finger schauen. Es muss aufhören mit einer Selbstbedienung gewisser Manager mit Zahlungen von Boni und Abfindungen in horrenden Summen auf ihr schon übermäßig hohes Gehalt. Hier und da fällt der Begriff Solidargemeinschaft, doch solange solche Zustände herrschen, kann es solche Gemeinschaft nicht geben. Während ich dieses schreibe, fällt mir ein vor Tagen gesehener Fernsehbericht ein, wo eine Person aus dem Bankensektor sich angeblich mit 80 Millionen Euro, wohlbemerkt 80 Millionen Euro, ins Ausland abgesetzt hat. Was muss der kleine Mann der Straße darüber denken und wie fassungslos müssen solche Berichte für den Normalbürger sein? Ich muss nochmal auf den Begriff Armut zurückkommen. Armut ist nicht erst da, wenn Kinder wie ich beschrieben, auf der Straße liegen und betteln gehen, nein Armut fängt schon auf einer ganz anderen Ebene an, nur die Gesellschaft nimmt das nicht so recht wahr. Kinder, die aus finanziellen Nöten ihrer Eltern nicht an Klassenfahrten teilnehmen können. Kinder, die gerne Sport betreiben wollen und keine Möglichkeit besteht, ihnen die dafür benötigen Utensilien zur Verfügung zu stellen. Da beginnt für mich in so einer reichen Gesellschaft wie der unseren schon der Begriff Armut.

Von den Kindern schwenk ich mal rüber zu den Alten in unserer Gesellschaft. Menschen mit einer kläglich kleinen Rente, die sich abzüglich der monatlichen Festkosten kein normales Essen leisten können sondern, ich übertreibe es mal ein wenig, nur von einer Schnitte Brot und ein warmes Süppchen leben müssen. Die ihre Heizung abstellen und sich in warme Decken hüllen, damit die Heiz-, Strom- und Wasserkosten ihnen nicht den Rest der Rente wegnehmen. Hier zerfallen Werte, die für unsere Gesellschaft sehr bedenklich sind und schwere Schäden nach sich ziehen kann und wahrscheinlich auch wird.

Die Jugendarbeitslosigkeit nimmt, auch hier beziehe ich mich auf erstellte Statistiken, rapide zu, nicht nur bei uns in Deutschland, sondern vor allem in einem nicht verantwortbarem Tempo, ich hatte es schon einmal kurz angeschnitten, in vielen Staaten Europas. Es kann nur eine Frage der Zeit sein, wenn dieser Trend nicht gestoppt wird, bis Verdruss und Perspektivlosigkeit den sozialen Frieden gefährden. Schnell entfacht ist ein Feuer, das zu löschen, eine Gesellschaft auseinander sprengt und wie in zahlreichen Debatten zu hören und zu sehen, die junge Generation gegen die der Alten ausspielt. Die älteren Menschen konnten und haben durch eine ausgeglichene Berufstätigkeit ihren Lebensabend gesichert und ich finde hier sind solche Neiddebatten absolut fehl am Platze. Den jungen, in unsicheren Arbeitsverhältnissen lebenden Menschen, wird dieses nicht mehr ermöglicht werden, es sei denn die verantwortliche Politik würde ihre vielen Worte in Taten umsetzen und sinnlos verplantes Geld in die Zukunft der Jugend investieren. Verschleudertes Geld in Projekten, die nicht zu Ende gebracht, oder wie sich herausstellte, erst gar nicht hätten gebaut werden brauchen. Investieren in ein gerechtes Bildung-und Gesundheitssystem, das für alle bezahlbar ist und nicht gewisse Gruppen an den Rand der Gesellschaft drängt. Irgendetwas ist faul im Staate, wenn sich Schul- wie auch Ausbildungsabbrüche häufen und man die Ursachen nicht erkennt oder erkennen will. Wohin driften diese Jugendlichen, wenn sie den Boden unter den Füßen verlieren, sie sind eventuell Opfer für Gesellschaftsgruppen, die nicht Gutes im Schilde führen und dem Land ein Gesicht geben, in das wir alle nicht gern hineinschauen wollen.

Ganz am Anfang meiner Ausführungen habe ich von den Werten gesprochen, die durch die Nachkriegsnot unter den Menschen entstanden sind und hier tauchte der Begriff „Hilfsbereitschaft“

auf. Jeder von uns erinnert sich sicherlich noch an die Jahrhundertflut, wenn man sie so bezeichnen kann, im Osten wie auch im Süden unseres Landes. Verheerende Ausmaße für Mensch und Tier sind entstanden und hat, wie in vielen Berichten und Bildern zu sehen war, die Menschen wieder enger zusammenrücken lassen. So manch vorhandener Streit unter einzelnen Personen in den Hintergrund gestellt und eine vorbildhafte Hilfsbereitschaft erkennen lassen. Hilfe kam nicht nur von den Betroffenen untereinander, sondern von unsagbar vielen Menschen aus dem ganzen Land und dies in materieller wie auch in finanzieller Art. Müssen erst solche Katastrophen geschehen, um den Wert Hilfsbereitschaft wieder eine angemessene Bedeutung zu geben, oder sollten wir nicht vermehrt in Familie und Schule über diesen bedeutenden Wert mit unseren Kindern reden, damit er auch im alltäglichen Leben des Öfteren zum Tragen kommt? Möglichkeiten der gegenseitigen Hilfe gibt es zu Genüge, man muss nur in manchen Situationen seinen Egoismus etwas hintenanstellen, oder eine gewisse Gleichgültigkeit besiegen und mehr mit dem Herzen denken und handeln. Eine Oberflächlichkeit und Interessenlosigkeit hat sich in der Bevölkerung breitgemacht, die Lebensphilosophien haben sich verschoben und verändert. In unserem Städtchen am Niederrhein waren Vereins- und Nachbarschaftsfeste eine feste Tradition über Jahrzehnte hinweg, wie sicherlich in vielen anderen Orten unseres Landes.Docj diese Feste, wie ich sie aus früheren Zeiten kenne, gibt es nicht mehr, oder sie haben vermehrt nachgelassen. Die junge Generation kann sich mit solchen Feierlichkeiten nicht identifizieren, sie pflegen eine andere Art zu feiern. Ein Grund kann auch bei der Einbürgerung ausländischer Menschen sein, die sich schwer tun sich in eine Nachbarschaft oder Verein zu integrieren.

Vom Wert „Hilfsbereitschaft“ hin zum Wert der „Toleranz“, ein wichtiger Faktor im Umgang mit Menschen untereinander. Toleranz zwischen Menschen unterschiedlicher Nationalitäten, verschiedener Hautfarben, oder Anhänger und Sympathisanten anderer Religionen, die in unser Land strömen, sei es als politisch verfolgte oder als Wirtschaftsflüchtlinge. Sie alle bringen Werte ihres Naturell mit, welches dem unseren in vielen Dingen nicht zusagt, wenn möglich einer Gewöhnung bedarf. Hier erscheint mir sehr wichtig, dass man aufeinander zugeht, sich in wichtigen Sachen austauscht und ihnen die Grundregeln unseres Staates näherbringt, nur so kann eine Integration einen Sinn haben. Wir haben uns geeinigt und festgelegt auf eine freies uns vereintes Europa. Ein Europa das politisch wie auch wirtschaftlich den Herausforderungen einer globalen Welt standhalten und somit den nachfolgenden Generationen neue Perspektiven in ihrer ganzen Art zu leben, eröffnen kann. Die jüngere Vergangenheit hat leider in vielen Situationen oftmals das Gegenteil gezeigt. Einige Staaten haben, was das Wirtschaftliche betrifft, ihre Hausaufgaben nicht gemacht, man hätte sie nicht in ein vereintes Europa mit einbeziehen dürfen, hier war Toleranz nicht angebracht. Wir erinnern uns an die Wirtschafts- und Finanzkrise, wo Deutschland anderen europäischen Ländern finanziell unter die Arme gegriffen hat, um einen Kollaps, ich habe es irgendwo in meinen Ausführungen schon erwähnt, in ihrem Lande zu vermeiden und sie mit harten Auflagen weiterhin in der europäischen Union zu halten. Staaten in denen die oberen Zehntausend mit Geldwäsche und Korruption jonglieren und Vermögen im großen Stil am Staat vorbei anderswo anlegen, kann oder sollte man keine Toleranz entgegen bringen. Manche dieser Staaten hatten gar noch die Frechheit, das deutsche Volk an seine politische Vergangenheit zu erinnern und somit eine Generation beschmutzt, deren Väter mittlerweile schon nicht mehr leben und die mit dieser dunklen Vergangenheit weiß

Gott nichts zu tun hat. Gestärkt dadurch wird nur eine Minderheit junger gewaltbereiter Personen, die aus Langeweile, Perspektivlosigkeit und Frustration in Deutschland und Europa ihr Unwesen treibt. Junge Menschen, die sich mit der Philosophie eines Diktators wie Hitler beschäftigen, obwohl sie in dieser Zeit nicht gelebt haben, sich somit mit dieser Geschichte nicht identifizieren können, denen sollte man nicht noch größeren Spielraum geben. Der Rechtspopulismus in Europa macht mir Sorgen und Kopf zerbrechen.

Mit vermehrten Schwierigkeiten und dieses weltweit, hat der Islam zu kämpfen, mit seiner Intoleranz anderen Glaubensgemeinschaften gegenüber. Der Islam steht wegen seiner unterschiedlichen Repräsentatur vor einer gewaltigen Zerreißprobe und in Bezug auf seine Grundwerte verliert er an Glaubwürdigkeit. Während ich dieses schreibe, sind im Nahen Osten schwere Auseinandersetzungen unten Muslimen im Gange und, wie es Pressemeldungen zu entnehmen ist, mit verehrenden Folgen. Regierungen ließen in der Vergangenheit, man nehme da nur mal Syrien, ihr eigenes Volk nur der Macht wegen dahin schmelzen und dieses mit in aller Welt verbotenen, laut der UN-Charta, chemischen Waffen. Was in einigen arabischen Ländern durch Umstürzen von Regierungen, man sprach sicherlich voreilig schon vom arabischen Frühling, hat sich in diesem Staat nicht eingestellt. Man hat versucht von Europa oder den USA mit militärischen Mitteln die Opposition im Irak, wie auch in Syrien, zu unterstützen, um eine demokratische Entwicklung einzuleiten, ohne die Gruppen oder Verbände einer ständigen Kontrolle zu unterziehen. Hier hat die westliche Welt sicher schwere Fehler begangen, wie schon in der Vergangenheit, als man machtbesessene und korrupte Regierungen moniert und mit Waffen beliefert hat und keiner wollte, geblendet von den für sich wichtigen Bodenschätzen, eine Gefahr erkannt haben. Vor vielen Jahren der Irak, dann Ägypten und Syrien, alle standen bis vor ihren kriegerischen Auseinandersetzungen wegen ihres Ölreichtum und anderen Schätzen im positiven Fokus der westlichen Welt. Diese von mir angesprochene Opposition in den beiden Ländern Irak und Syrien hat zum Leidwesen aller friedlich lebenden Staaten eine erschreckend andere Richtung genommen. In ihr ist eine Strömung entstanden, die man entweder nicht für möglich oder zu spät erkannt hat. Die Volksgruppe nennt sich ISIS und begeht unter dem Deckmantel des Islams unmenschlich barbarische Verbrechen an Andersgläubigen und auch ihnen zugetanen Menschen. Sie haben in kurzer Zeit ungeahnten Zulauf aus allen Richtungen dieser Welt bekommen und bereiten oder sind schon vielmehr mitten drin, einen so wie sie formulieren, „Heiligen Krieg“ vor. Viele Menschen verlassen oder haben diese Regionen im Nahen Osten schon verlassen, aus Angst um ihr Leben und wegen einer ungewissen Zukunft. Wie verbohrt und geschrumpft muss das Gehirn dieser Menschen sein, die im Glauben des Islams anderen Menschen so etwas antun, hier hätten die Mächtigen dieser Welt, wenn sie sich einig wären, längst einschreiten müssen um diese und weiteren Massaker zu beenden. Auch hier in unserem Land schüren Menschen, man betitelt sie als Salafisten, Hass und Gewalt und dieses in einem demokratischen Land, das ihnen materiell und freiheitlich alles bietet. Hier werden sie nicht unterdrückt, wie eventuell in dem Land, wo sie geboren sind. Weiter für mich nicht nachvollziehbar ist, dass deutsche Bürger sich diesen radikalen Islamisten anschließen und versuchen gegen ihre eigenen Landsleute Anschläge vorzubereiten und durchführen. Dass sie einen anderen Glauben annehmen, dagegen ist nichts einzuwenden, doch wie verdunkelt müssen ihre Sinne sein, in diesem Glauben solch schreckliche Taten zu begehen. Es gibt für junge Menschen sicher andere Möglichkeiten ein bis dahin verpfuschtes Leben wieder in den Griff zu bekommen, als sich solch einer Gruppierung wie die der ISIS anzuschließen. Wir Christen sollten uns allerdings nicht so hochnäsig anmaßen über den Islam schlecht zu reden, denn auch das Christentum hat ihrem Platz oder ihre Daseinsberechtigung mit dem Blute des Schwertes dieser Welt errungen, doch man sollte glauben, dieses sei längst Vergangenheit und in der heutigen Welt unvorstellbar. Doch der radikale Islam lehrt uns eines Besseren, er missbraucht Gesellschaften für Zwecke, die seinen Grundwerten nicht entsprechen. Alle gemäßigten Brüder des Islams, hier bei uns wie auch in anderen Ländern dieser Welt sollten versuchen, Menschen die ihren Glauben missbrauchen mutig entgegen zu treten, damit Hass und Brutalität keine neue Nahrung finden.

Wir Menschen weisen gerne auf Verbrechen und Untaten in anderen Ländern hin, um eventuell abzulenken von etwaigen Geschehnissen im eigenen Land. Auch hier geschehen unfassbare Dinge, man braucht nur mal des morgens beim Frühstück die Tageszeitung aufschlagen, oder am Abend die regionale Berichtserstattung im Fernsehen verfolgen, so sieht man, angefangen von kleineren Delikten bis hin zu größeren Gewalttaten, eine reichhaltige Palette an kriminellen Taten. Die alltäglichen Verbrechen in unserem Lande nehmen rapide zu und hier und da erreichen sie Ausmaße von besorgniserregender Größe. Babys werden wie Müll entsorgt, Menschen wegen ihrer Hautfarbe oder einer anderen Lebensdarstellung verfolgt, geschlagen und getreten und ihr Tod billigend in Kauf genommen. Was geht in diesen Menschen vor oder wie verzweifelt muss eine Mutter sein, die zu solch einer Tat fähig ist? Oftmals liegen die Ursachen bei den Müttern in einer fehlenden Lebenserfahrung, manche sind ja fast selbst noch Kinder, oder haben einen Partner, dem ein Neugeborenes als Last erscheint. Man erinnert sich sicherlich noch an einen Fall, wo eine Mutter mit ihrem Partner mehrere ihrer Neugeborenen getötet und in Blumenkübeln oder im Garten entsorgt hat, ohne dass es in ihrem Umfeld aufgefallen ist. Hier zeigt sich, wie teilnahmslos und gleichgültig wir Menschen unser Umfeld wahrnehmen, schauen nur noch auf wichtige Dinge, die uns selbst betreffen und überlassen somit Andere ihrem Schicksal. Etwas wacher und aufgeschlossener durch das Leben gehen, mit einem Schuss Verantwortungsbewusstsein und einer angemessenen Courage, dann könnte eventuell so einiges verhindert werden. Ich erinnere mich noch an eine Scene im Fernsehen, wo zwei Männer in einer Bremer Kneipe einen, an einem Tresen sitzenden Mann vom Hocker gerissen haben, ihn am Boden liegend mit den Füßen bearbeitet und wenn der eine dieser Männer dem Anderen nicht in den Arm gefallen wäre, hätte dieser ihn mit dem Hocker erschlagen. Sie verließen, als sei nichts gewesen ruhigen Schrittes, das Lokal und ließen den Mann schwer verletzt am Boden liegen. Dies ist kein Einzelfall, man erinnere sich nur an ähnliche Geschehnisse auf Bahnsteigen in anderen Städten und ich möchte nicht wissen, wie hoch die Dunkelziffer solcher Verbrechen ist. Woher kommt diese Brutalität und wo liegen die Ursachen? Deutschland ist, wenn ich es richtig interpretiere, das Land mit der höchsten Einwanderungsquote unterschiedlicher Menschenrassen. Nicht nur Menschen aus den Krisengebieten wie der Nahe Osten oder aus den afrikanischen Ländern, nein auch Volksgruppen aus verschiedenen Ostblockländern wie Russland, Rumänien oder Bulgarien suchen Unterkunft in unserem Land, legal oder illegal. Viele der illegal zu uns kommenden Menschen aus östlichen Staaten, darunter eine große Anzahl an Mädchen und Frauen, denen von Schleuserbanden eine versprochene Anstellung in einer Wirtschaft oder Bar in Aussicht gestellt wird und im Endeffekt in der Prostitution landen. Der Nährboden für Banden und kriminelle Vereinigungen mafiöser Art wird hier in unserem Lande immer größer. Deutschland ist längst ein Umschlagsplatz im internationalen Drogenhandel geworden, Delikte wie Prostitution und

Schutzgelderpressungen greifen vermehrt um sich. Polizei und der Gesetzgeber sollten versuchen den Handlungsspielraum dieser kriminellen Personen so klein wie möglich zu halten, damit Gewalt und Brutalität nicht zum normalen Alltag in unserer Gesellschaft werden.

Manche Werte ausländischer Bürger, ich habe dieses Thema ja schon kurz angeschnitten, sind mit den unseren nicht vereinbar. Ich nehme da mal die Gleichberechtigung zwischen den Geschlechtern. Hier gelten in Ländern mit einer anderen Glaubensausrichtung andere Maßstäbe, wie hier bei uns. Frauen werden dort diskriminiert und vor dem Gesetz nicht als gleichwertige Personen angesehen, ihnen wird vieles an Lebensqualität genommen. In einigen Ländern versagt man sogar neugeborenen Mädchen das Recht auf Leben, da sie nicht ins Gesellschaftsbild von gewissen Familien passen. Ein anderes Beispiel ist die Verkuppelung meist minderjähriger Mädchen an Personen, die einem nahestehen oder von denen man sich wirtschaftlich etwas erhofft. Entdecken diese Mädchen dann Gefühle für einen anderen, eher zu ihnen passenden Menschen, so laufen sie Gefahr, hart bestraft zu werden, eventuell sogar mit dem Tode. Ausführende solche Straftaten sind oftmals die eigenen Familienangehörigen, sie sehen ein solches Vergehen als Blutschande. Auch hier bei uns sind solche sinnlosen Verbrechen ausländischer Bürger schon passiert, wo man sein eigenes Blut so einem Schwachsinn geopfert hat. Warum muss eine Frau ihre Figur und ihr hübsches Antlitz hinter einer bestimmten Kleiderordnung verstecken und warum hat sie nicht das Recht vergnügliche oder sportliche Veranstaltungen zu besuchen, für uns Europäer oftmals nicht nachvollziehbar. In Großstädten islamischer Staaten, oder an deren Ferien und Urlaubsgebieten sieht man mittlerweile schon eine gewisse Freizügigkeit, ein modernes Verhalten der Geschlechter.

In vielen deutschen Großstädten haben sich ganze Straßenviertel gebildet, in denen ausländische Clans den Tagesablauf beherrschen und dirigieren. Die Polizei und die Politik in den jeweiligen Regionen schauen hilflos zu, wie alleingesessenen deutschen Bürgern das Leben zur Hölle gemacht wird. Nichts ist mehr zu sehen von einer ehemals uns Deutschen angeborenen Ordnung und Sauberkeit. Müll und Unkraut zieren die Gehwege und Häuserfronten dieser besagten Straßenviertel und eine laute und unruhige Atmosphäre überspannt den ganzen Tag. Dort herrschen scheinbar andere Gesetzte und Richtlinien und statt sie vom Staat zu unterbinden, hofiert man einzelne Personen dort noch vor laufender Kamera und man sieht dann im Fernsehen Bilder ganz unbescholtener Bürger, deren Mimik an Harmlosigkeit nicht zu überbieten ist. Provokativ wird die berichtende Zunft regelrecht verarscht und dem deutschen Staat noch Schuldzuweisungen gemacht. Er trage die Verantwortung für solche Zustände wegen der Perspektivlosigkeit und fehlender Integrationsangebote für den ausländischen Bürger und somit für ein Abrutschen in undurchsichtige Milieus. Ich habe als Fußballtrainer mit vielen ausländischen Spielern egal welcher Nationalität zusammen gearbeitet und bin ohne Ausnahme gut mit ihnen und auch deren Familien ausgekommen. So nach und nach konnte man aber schon Unterschiede von den ersten Generationen bis hin zu den heutigen in ihrem Verhalten erkennen. Viele dieser Jugendlichen und hier beziehe ich auch die unseren mit ein, haben ganz schnell erkannt, was hier in diesem Staat ihre Rechte sind und nicht dass der Staat jedem Bürger auch gewisse Pflichten auferlegt. Menschen suchen oftmals den Weg des geringsten Widerstandes und dabei kann man auch ganz schnell vom gesetzlich vorgegebenen Pfade abgleiten. Tadelt man diese Einstellung und hier besonders die der ausländischen Bürger, so gerät man schnell in Verdacht der Ausländerfeindlichkeit. Ich kann dieses aufgrund meiner weiterhin ausübenden Trainertätigkeit für mich nicht gelten lassen. Mich stört keine andere Religion, kein andersartiges Aussehen von Menschen, sei es wegen der Hautfarbe oder einer fremdartigen Bekleidung. Mich stört ein mittlerweile provokatives Auftreten von Jugendlichen wie auch älteren Personen dem friedlich gesinnten Normalbürger gegenüber.

Nicht nur der Islam durchschreitet im Augenblick durch die vielen Unruhen in der ganzen Welt ein tiefes Tal, das zu verlassen sicher nicht einfach sein wird. Dazu bedarf es besonnenen und intelligent auftretenden Philosophen ihrer Glaubensrichtung, die dazu den Weg vorgeben. Auch das Christentum hat solche Zeiten schon durchschritten und steht heute in diesem Jahrhundert vor ganz anderen Aufgaben. Wenn man zum Beispiel die Geschichte der Päpste, den höchsten Christenführer ihres Glaubens verfolgt hat, so wird man auch an Gräueltaten und sexuelle Exzesse und dies alles unterm Kreuz Gottes erinnert. Darum sollten sie nicht hingehen und Glaubensgemeinschaften anderer Völker an den Pranger stellen, sondern aufgrund ihrer Vergangenheit sich selber an die Brust klopfen. Viele Sachen und hier beziehe ich mich ausdrücklich auf die katholische Kirche, hat sie bis heute nicht ablegen können. Die ungleiche Behandlung der Geschlechter und die Verletzung der Menschenwürde sind zwei Sachen, die man ihr zur Last legen kann. Wichtige Ämter, wie die des Geistlichen, werden nach wie vor von Männern angeführt, was aus meiner Sicht auch etwas mit Diskriminierung zu tun hat. Ferner erinnert sich sicher so mancher noch an die Verfehlungen Kindern gegenüber, eine abscheuliche Verletzung der Menschenwürde. Da einige ihren sexuellen Trieb nicht zügeln konnten, mussten etliche Kinder etwas erleiden, von dem sie sich nicht so leicht wieder erholt haben, denn die Verletzung der Seele ist oftmals schlimmer als erlittene körperliche Qualen.

Eine Reformierung des Zölibats in der katholischen Kirche könnten diese Verfehlungen sicher einschränken. Man hat seitens der Kirche keine intensive Aufarbeitung der registrierten Vorfälle, ich mag nicht an die Dunkelziffer denken, betrieben, sondern schnell den Mantel des Schweigens darüber gelegt. Übergriffe dieser Art registriert man Querbeet durch die ganze Republik, nicht nur bei den jeweiligen Konfessionen, sondern in Familien, Schulen und verschiedenen Vereinen, überall wo sogenannte Respektpersonen mit Kindern umgehen. Wir alle in der Gesellschaft sind gefragt wach zu sein Gegebenheiten dieser Art mutig entgegen zutreten.

In meinen Ausführungen habe ich wiederholt auf gewisse Eigenschaften der Kirchen und hier besonders der katholischen Kirche hingewiesen, einige Sachen für gut befunden, andere wiederum bemängelt. Man sieht, wie wichtig mir eine sauber und korrekt funktionierende Kirche in ihrer ganzen Darstellung ist, denn die von mir aufgeführten Ursprungswerte waren und können auch weiterhin wichtige Bausteine unserer Gesellschaft sein. Diese von mir geschilderten negativen Vorkommnisse haben der Kirche unwahrscheinlich geschadet und ihre Glaubwürdigkeit gewaltig eingeschränkt. Nicht nur beim Zölibat, nein in vielen anderen Bereichen auch sind Reformen wichtig, damit die Kirche dem Menschen wieder etwas näher kommt. Hier gilt meine ganze Hoffnung dem neu gewählten Papst Franziskus. Er will, laut seiner Aussage wieder Licht ins Dunkle der Kirche bringen, mehr Engagement in seelsorgerischen Tätigkeiten anfordern und auch der Korruption in den höchsten Gremien der Kirche ein Ende bereiten. Sich nicht hinter verkrusteten und längst überfälligen Kirchengesetzen verkriechen, sondern den Gläubigen das bieten, was einer modernen Weltanschauung entspricht, sonst und die Statistiken besagen es, wenden sich immer mehr Menschen von den Kirchen ab. Es darf keine Kirche geben, die Wunden schlagen, sondern eine Kirche, die sie heilt. Menschen in schwierigen Lebensfragen und Situationen beraten und begleiten, hier drin liegt eines ihrer Aufgaben. Es ist trotzdem erstaunlich, wenn man die letzten Weltkirchentage sich vor Augen hält, wie viele junge Menschen sich noch dem christlichen Glauben verbunden fühlen und hier sollte die Kirche ansetzen. Es gilt in einer aufrecht ehrlichen Art die Menschen zu überzeugen, ihnen eine Perspektive in ihrer Glaubenshaltung zu geben, dies sind wichtige Aufgaben der nächsten Jahre.

Werte können zur Verbesserung der Lebensqualität der Menschen beitragen. Ich weise nur mal auf die Werte hin, die in harten Arbeitskämpfen unserer Väter mit den Arbeitgebern und den Gewerkschaften erstritten wurden und der Wirtschaft einen gewissen Stellenwert in der Welt beschert haben. Jeder Mensch hat ein Recht auf Arbeit und jedem sollte entsprechend seiner Tätigkeit eine gerechte Entlohnung zustehen, hierfür wurde mit harten Bandagen gekämpft. Gegenüber der heutigen Zeit gab es damals zwischen den Tarifpartnern noch ein „Wir-Gefühl“, man war bemüht im Sinne der Wirtschaft moderate Verhandlungsergebnisse zu erzielen und man hatte Respekt voreinander. Heute ist davon nicht mehr viel geblieben, die Gewerkschaften und auch die Betriebsräte sind in den letzten Jahren stark in ihren Tätigkeiten eingeschränkt worden. Mitsprache und Bestimmungsrecht wurden erheblich eingegrenzt, Tarifverträge unterlaufen, Arbeitgeber drohen mit Stellenabbau und Schließung ihres Unternehmens falls nicht schneller, effektiver und somit preisgünstiger gearbeitet wird, alles Sachen die sicher ein „Wir-Gefühl“ in Betrieben nicht mehr aufkommen lassen. Früher gab es noch die sogenannten Familienunternehmen, in denen der Chef sich verantwortliche zeigte seinen Mitarbeitern gegenüber, sie sozial gesehen, in schwierigen Situation unterstütze.

Von diesem Unternehmen gibt es heute leider nicht mehr viele, heute sind es Aktiengesellschaften, Konzerne und Großunternehmen, die von Interessengemeinschaften geleitet werden. Sie haben nur die wirtschaftlich und finanzielle Komponente im Auge und weniger den Status der Mitarbeiter. Heute lassen sich diese in der Verantwortung stehenden Personen Boni in Millionenhöhe festschreiben, nebst einer Abfindung bei Verlassen der Firma. Dies gilt auch, so schizophren es ist, wenn ein Manager das Unternehmen gegen die sogenannte Wand fährt. Ein Arbeitnehmer verliert bei einer banalen Verfehlung seinen Arbeitsplatz und liegt auf der Straße. Wofür unsere Großväter und Väter gekämpft und gestritten haben, all dieses hat sich gravierend verändert, die Arbeitswelt ist eine andere geworden. Die Zeiten, in denen ein Arbeitnehmer einen Beruf ausübt und danach wohlverdient und finanziell abgesichert in den Ruhestand gehen konnte, sind sicher längst vorbei. In dieser globalen Welt ist der Arbeitsmarkt in gewaltig unruhiges Fahrwasser geraten, heute muss man in allen Richtungen flexibel sein. Ein Arbeitnehmer hat laut Experten, wenn er Glück hat, mindestens zwei verschiedene Arbeitsstellen, oftmals sind es mehr.

Rotierende Schichten, befristete Arbeitsverträge, Zunahme des Niedriglohnsektors, Faktoren die heute das Arbeitsleben bestimmen. Hier wurde den Gewerkschaften durch erpresserische Äußerungen seitens der Arbeitgeber einiges von dem in der Vergangenheit erkämpften abgerungen. Ich kann mich noch gut an Zeiten erinnern, wo Ärzte, Professoren und Wissenschaftler die mehrschichtige Arbeit an den Pranger stellten. Ständiger Schichtwechsel wäre gesundheitsschädlich, führe zu Schlafstörungen und anderen Essgewohnheiten, alles Argumente die bei den Unternehmen auf taube Ohren stießen. Sie drohten bei Nichterreichen gewisser Kapazitäten mit Arbeitsverlagerung in Ausland oder mit einem Stellenabbau. Um die Bereitwilligkeit der Arbeitsnehmer zu fördern und vorhandene Betriebsräte sowie Gewerkschaften ruhig zu stellen, versüßten sie alles mit Zustimmung beider Gremien durch Sonderzulagen wie Schicht- und Prämienzahlungen. Prämienzahlungen waren als Bonus für kürzere Produktzeiten und somit schnelleren Abbau gewisser Produktspitzen gedacht. Heute werden dafür Leiharbeiter für einen befristeten Zeitraum eingestellt. Leiharbeitsfirmen schießen mittlerweile wie Pilze aus dem Boden und sorgen in der Arbeitswelt für gewaltige Unstimmigkeiten. Sie nehmen dem Stammpersonal die Arbeit weg und tragen erheblich zu dem von mir zitierten Niedriglohnsektor bei und sind eines der Ursachen für den Stellenabbau. Nur um dem Druck der Globalisierung standhalten zu können, ist es nicht abgebracht durch solche Maßnahmen Menschen in die Armut zu schicken. Hier sind nicht nur die Tarifpartner gefragt, sondern auch die Verantwortlichen in Bund und Ländern, um solch einer Demütigung entgegen zu treten. Zur Befristung und den rotierenden Schichten möchte ich noch folgendes sagen. Durch die Befristung ist oder wird es den jungen Leuten unmöglich gemacht eine solide Familienplanung zu vollziehen und somit bleibt der Wunsch nach mehreren Kindern weiterhin ein Alptraum. Rotierende Schichtabläufe sind eine Sache, die einer Gesellschaft aus vielerlei Gründen, die ich ja schon erwähnt habe, Gift für den Zusammenhalt von Familien sind. Es kommt öfters mal vor, dass am Wochenende gearbeitet werden muss und an normalen Werktagen Freizeiten gelten. Wochentags kann die Familie, da die Schule der Kinder schon viel an Freizeit nimmt, wenig unternommen werden und am Wochenende, wenn man den Kindern etwas bieten möchte, dann muss man arbeiten. Auswirkungen hat dieses Schichtmodell auch auf das Freizeitverhalten junger Menschen, die am Wochenende gerne eine Sportart nachgehen wollen. Sport ist nach wie vor ein wichtiger Bestandteil der Gesellschaft und sollte somit für jeden von uns zugänglich sein. Die Bereitwilligkeit vieler Menschen sich in einem Verein kontinuierlich zu arrangieren ist nicht gegeben und dies schlägt sich, wenn ich den Amateurfußball nehme, in den Vereinen nieder. Ich konnte auch erst meinen Wunsch als Fußballtrainer verwirklichen, als ich aus einem Schichtmodell herausgenommen wurde und so geht es heute sicher vielen Menschen.

Apropos Sport, in der vergangenen Wochen ein aktuell heißes Thema, was sie Sauberkeit und somit die Fairness im Profibereich angeht. Doping, das Einnehmen verbotener Substanzen zur Leistungsförderung, ist erneut in die Schlagzeilen der Öffentlichkeit geraten. Den Begriff Fairness oder wie der Engländer sich ausdrückt „Fairplay", ist quasi ein Gesetz oder ein Wert in allen Sportarten, doch es bewegt sich immer in einer sogenannten Grau- oder Unglaubwürdigkeitszone, die so manche Sportart in ein anderes Licht rückt. Man nehme da nur mal den skandalträchtigen Radsport, eine Sportart, die angefangen von begeisterten Sechstagerennen, über Tagesklassikern, bis hin zur Krönung dieses Sportes, der Tour de France. Wie viel spannende Momente haben wir da erlebt und wie wurde mit den großen Stars dieser Branche mit gefiebert und gezittert. Im Nachhinein stellt sich dann heraus, dass alle Erfolge mit unerlaubten Mitteln erzielt wurden. Kriminelle Machenschaften und die Gier nach Geld und Erfolg haben den von mir erwähnten Wert beschädigt und in den Schmutz gezogen. Immer schnellere Zeiten, größere Weiten, ein Rekord nach dem Anderen und all dieses auf Kosten der Gesundheit, wo sind da die Grenzen? Wird es irgendwann möglich sein diesen Sumpf der unerlaubten Mittel trocken zu legen, ich und viele sportbegeisterte Menschen sind sich da nicht so sicher. Nach jahrelanger „Herumdrückerei" hat nun endlich der Gesetzgeber reagiert und ein verschärftes Antidopinggesetz verabschiedet, das bei einem Vergehen nicht nur eine Sperre des jeweiligen Übeltäters, sondern eine empfindliche Gefängnisstrafe vorsieht. Dies gilt nicht nur für den betroffenen Sportler, sondern und dieses scheint mir noch wichtiger, für die Hintermänner wie Trainer, Manager und Ärzte, bei denen sollte die Strafe eine andere Dimension haben.

Sport jeglicher Art wird vermarktet und dieses sicher nicht so schlecht. Da stehen täglich Summen in der Presse, die einem Normalverdiener die Tränen in die Augen treiben und ihn ins Grübeln kommen lassen. Wohin und hier beziehe ich den Fußballsport in meinen Ausführungen mit ein, führen die finanziellen Summen junger talentierter Spieler in Millionenhöhe und in welchem Verhältnis stehen sie noch zur normal arbeitenden Bevölkerung, sicher eine schwer vermittelbare Frage. Fußball, schon längst ein Showgeschäft, zieht vielen Menschen in seinen Bann, doch ist was das Finanzielle angeht alles noch Realität und überschaubar? Ich glaube man sollte die Kirche im Dorf lassen und der Weltverband die Fifa und der europäische Verband die UEFA die Reißleine ziehen und diese horrenden Summen auf eine Obergrenze festlegen. Spitzenvereine in Europa und anderswo in der Welt gehen, nur um im internationalen Wettbewerb mithalten zu können, Risiken ein, die bei einer hohen Arbeitslosigkeit in ihrem Land nicht als akzeptabel und gerechtfertigt erscheinen. Spieler werden wie Ware hin und her transferiert und Summen bis zur dreistelligen Millionenhöhe, was den Euro betrifft, ausgeschrieben. Viele sehen diesen Sport in seiner ganzen Faszination nicht mehr, oder wollen es auch nicht, sondern ihnen geht es nur noch um Profit, wie zum Beispiel einige schwarze Schafe der Spielvermittler oder Berater. Profit steht über Moral, ein Werteverlust in unserer Gesellschaft. Sorgen bereiten mir die Arrangements arabischer Scheichs und russischer Oligarchen, die sich so nach und nach in europäischen Clubs festsetzen und den Markt mit diesen von mir erwähnten Summen torpedieren. Denen sollte man, wenn es eben geht, den Zugang zu unseren Vereinen verwehren, denn es sind Personen, die das Vereinsemblem niemals so ganz im Herzen tragen, sondern ihres vielen Geldes wegen den Verein als so eine Art Spielzeug benutzen und sich somit in der Öffentlichkeit präsentieren. Sie bringen den Verein in eine prekäre Abhängigkeit, ihr Fußballverstand ist nicht so geschult und ausgeprägt wie der einen Person, die in der Materie Fußball groß geworden ist und sich dort bestens auskennt. Beispiele seriös arbeitender Personen mit Fachwissen haben wir in den Vereinen deutschen Ligen zuhauf, dort wird wissenschaftlich wie sportliche vernünftig gearbeitet und kein Harakiri betrieben.

Geld wird nicht nur im Profibereich in die Hand genommen, sondern auch in den Klassen der Amateurligen. Auch dort sind Personen und Trainer, die bei den ganz jungen Junioren schon mit materiellen Werten, Spielern einen Vereinswechsel nahe legen. Was soll aus diesen Jugendlichen denn erst werden, wenn sie zu den Senioren kommen, die Verhältnismäßigkeit geht ihnen doch verloren. In diesem noch kindlichen Alter sollte der Spaß am Fußball im Vordergrund stehen, das Finanzielle kommt später, wenn die Leistung stimmt, von ganz alleine. Gerade wir Trainer im Amateurbereich und hier bei den Junioren sollten den Jungen und Mädchen Werte des Sports vermitteln. Neben dem sportlichen darf die menschliche Komponente nicht außer acht gelassen werden. Fairness und Achtung seinen Mitstreitern und seinen Gegner gegenüber sind Werte, die für den weiteren Werdegang eines jungen Sportlers von großer Bedeutung sind. Ich plädiere für einen gesunden Sport und verurteile schmutzige Gegebenheiten, wie das von mir beschriebene Doping, auf´s schärfste. Die jüngsten negativen Schlagzeilen liefert der Weltverband im Fußball die Fifa. Korrupte Führungspersonen haben laut Presse und Recherchen politischer Behörden einen Skandal im dreistelligen

Millionenbetrag heraufbeschworen, in dem sie zum Durchdrücken gewisser Interessen Schmiergelder vergeben haben. Angeblich sind Stimmen gekauft worden, um Weltmeisterschaften im Fußball an Ländern zu vergeben, die einem sauberen Fußballsport nicht gerecht werden. Nicht gerecht durch unmenschliche Zustände bei der Fertigstellung einzelner Sportstätten, oder durch politisch hervorgerufener Unruhen ihren Nachbarländern gegenüber. Gesunder Sport kann nur dort stattfinden, wo die Freiheit und Menschenwürde eines jeden Einzelnen gewährleitstet ist. Sport soll verbinden und Menschen aller Rassen in friedlicher Gemeinschaft zusammenführen. Man sieht immer wieder, das Menschen bestechlich sind in Situationen, wo es um viel Geld oder um persönliche Vorteilnahme geht. Wie es sich hier in diesem Skandal abzeichnet, sind es überwiegend Personen aus Ländern, in denen Korruption an der Tagesordnung steht. Um den Fußball keinen dauerhaften Schaden zuzufügen, ist es wichtig, das alles bis ins kleinste Detail aufgedeckt und die dafür Verantwortlichen zur Rechenschaft gezogen und dementsprechend nach Größe der Straftat verurteilt werden.

Alles Tun und Gebärden der Menschen gehen von bestimmten Werten aus. Werte, die im täglichen Umgang miteinander von Bedeutung sind. Sie werden von Generation zu Generation weiter vermittelt und einige, so meine Bedenken, zerbröseln. Aufmerksamkeit, Höflichkeit und Rücksichtnahme sind Werte, mit denen wir sehr gleichgültig umgehen und denen wir scheinbar kaum noch Rechnung tragen. Uns wurden sie schon im kindliche Alter als Kavaliersregeln auferlegt, es gehörte einfach zum guten Ton, heute ist oftmals davon nicht mehr viel geblieben. Ich gehe davon aus, dass Kinder in den Familien und Schulen über diese Sachen nicht mehr reden und diskutieren. Scheinbar ist es verpönt einer alten Dame oder Herrn im Bus, der Eisen- oder Straßenbahn seinen Platz anzubieten. Ist es verpönt einer gebrechlichen Person oder einem Behinderten über die Straße zu helfen und zur Seite zu stehen? Es ist eine Sache der Höflichkeit und des Anstandes und keiner würde sich eine Zacke aus der Krone brechen, wenn er gewisse Regeln aufnehmen und beherzigen würde. Ich möchte nun nicht den Eindruck wecken, dass unsere Jungen und Mädchen charakterlich schlechter sind, als die der vergangenen Generationen, nein ich glaube nochmals, dass über solch gesellschaftlich wichtige Sachen zu wenig in Familien und Schulen diskutiert wird. Wir Erwachsenen sind aber auch gefragt unseren Kindern und Enkelkindern gewisse Verhaltensregeln im täglichen Umgang miteinander vorzuleben. Ich kann nicht verstehen, wie Menschen die Tür an Tür in einem Mehrfamilienhaus oder Wohnblock wohnen tagtäglich stur aneinander vorbeigehen und sich nichts zu sagen haben, wie soll so eine Hausgemeinschaft funktionieren, die den Fakt der Höflichkeit vermissen lässt. Sicher ist es oft eine Mentalitätsfrage, doch man wird in irgendeiner Situation auf seinen Wohnnachbar angewiesen sein und dann hat man ein Problem.

Einem optimistisch fröhlichem Menschen kommt sicher eher ein Grußwort von den Lippen, als einem Pessimisten. Er geht unbelastet und anders gestimmt in den Tag hinein. Ihn können auch kleine Ungereimtheiten nicht aus der Balance bringen, wogegen beim Pessimisten trotz Sonnenschein so mancher Tag grau und trüber erscheint. Solche Personen machen sich oft das Leben selber schwer und belasten mit ihrer Eigenart dazu auch andere Personen in ihrem Umfeld. Der Gesichtsausdruck eines Menschen verrät mir oftmals mit welchem Typen von Mensch man es zu tun hat, ihre Augen lassen erkennen, wie gesundheitlich sie drauf sind oder ob sie irgendeine Belastung mit sich herumtragen. Ich kann von mir aus sagen, solche Fähigkeiten zu haben und sie haben mir zum Beispiel im Umgang mit den Arbeitskollegen, oder in meiner langjährigen Tätigkeit als Trainer, sehr geholfen. Bei so manch jungem Spieler meiner Mannschaft konnte ich die Sorgen, die sein Gesichtsausdruck mir offenbarte, schnell erkennen und dadurch in einem Vieraugengespräch eine Blockade in ihm lösen. Kann es sein, dass wir Menschen uns viel zu viel mit uns selbst beschäftigen und Personen in unserem Umfeld oftmals ignorieren, deren Gefühle und Sorgen nicht wahrnehmen und es vielleicht auch gar nicht wollen? In Ballungszentren, wo Menschen auf engstem Raum zusammen leben, wo Freud und Leid sich die Klinke in die Hand geben, da sollte man schon seine eigenen Interessen etwas hintenanstellen und nicht alles auf den Teufel komm heraus durchdrücken zu wollen, was einem recht ist. Ruhestörender Lärm zu bestimmten Tageszeiten ist oftmals ein Indiz um Unwillen herbeizuführen. Dazu gehört laute Musik über Zimmerlautstärke hinweg, übermäßiges Herumtoben von Kindern, Geschrei und Gezeter Erwachsener im Hausflur, dies alles in Wohnungen die schallempfindlich gebaut worden sind. Das man Kinder in einer Wohnung nicht festbinden kann, ist sicher allen verständlich, doch Bewegungsabläufe die auf einem Spielplatz oder dem Hof oder sonst irgendwo draußen gehören, haben in einer Mietwohnung nichts zu suchen. Es gehört zur Erziehung der Eltern, Kindern ein gesellschaftliches Verhalten beizubringen, um nicht immer wieder anzuecken. Um bei den Ballungszentren zu bleiben mit ihren riesigen Wohnblöcken, wo unzählige Familien Tür an Tür wohnen, gibt es mir zu denken, wenn man in der Presse liest, eine ältere Person ist aufgrund von Verwesungsgeruch tot in der Wohnung aufgefunden. Überfüllter Briefkasten, Stapelung von Zeitschriften vor der Wohnungstür, alles Sachen, der Mitbewohner keine Aufmerksamkeit schenken. Sind wir als Nachbarn, der Postbote, der Zeitschriftenzusteller, um nur eventuell Betroffene zu nennen, so gleichgültig oder Gedankenverloren, dass wir etwaige Zustände nicht erkennen? Gehen wir aufgeweckter und aufmerksamer durchs Leben, können betroffene Personen, die vielleicht verletzt oder durch eine Krankheit sich nicht mehr alleine helfen können, vor Schlimmerem, wie eventuell dem Tod gerettet werden. Es muss nicht erst ein aufkommender Verwesungsgeruch herhalten, um unsere Sinne zu schärfen. Es macht einen schon nachdenklich, wenn solche Meldungen durch die Presse und das Fernsehen gehen und dann stellt sich schon die Frage, ist das einer intakten Gesellschaft noch würdig?

Das Spiel und Freizeitverhalten von Kindern und Jugendlichen hat sich in dem letzten Jahrzehnt rigoros verändert, geschuldet durch technische Geräte, die den Spiel- und Freizeitmarkt überschwemmen und für sich eingenommen haben. Das Spielen und bewegen in der freien Natur, so wie wir es als Kinder praktiziert haben, wird von Spielgeräten wie Handy oder Computer stark eingegrenzt. Das Herunterladen von Spielen jeglicher Art auf diesen Geräten fasziniert die Kids dermaßen, dass sie das Schöne um sich herum, die Natur gar nicht oder bedingt wahrnehmen. Diese, ich sag mal oftmals gesellschaftlich störenden Dinge, kann man seinem Kind, wenn es alle im Umfeld haben, nicht vorenthalten, doch man sollte auch im Interesse des Kindes schon versuchen die Benutzung etwas einzuschränken. Eltern sollten sich ferner die Zeit nehmen Kontrolle zu halten über was und welche Spiele ihr Filius da auf dem jeweiligen Gerät hat. Sind es harmlose lustige Sachen, oder brutal harte Spiele, die Einfluss auf den Charakter haben. Kinder, die ständig an der frischen Luft sind und sich dort mit Gleichgesinnten austoben, haben ein anderes Sozialverhalten als die, die diesen Geräten verfallen sind. Unausgeglichenheiten was Körper und Geist angeht, ein anderes Ess- und Schlafverhalten, Indizien die gegen das Verhalten von Kindern sprechen, die überwiegend mit solchen Dingen hantieren. Für die Wirtschaft und deren Produktivität sind es absolute Errungenschaften, aus dem Betrieb oder Unternehmen nicht mehr wegzudenken. Im

Privatgebrauch was unsere Jugendlichen angeht, nicht unbedingt notwendig, da durch Neugierde leicht Missbrauch entstehen kann. Beziehungen zwischen fremden Personen werden geschlossen, die oftmals in Enttäuschung und manchmal in gefährlichen Situationen enden. Was hat man da nicht schon alles für Sachen gehört und gelesen, dass sich Personen über solche Kommunikation im Internet das Vertrauen anderer erschlichen haben, um sie dann auf irgendeine Weise um ihr Barvermögen zu erleichtern. Dubiose Geschäfte bis hin zu kriminellen Machenschaften, all dieses ist im Internet möglich. Hier tut sich eine Gefahrenzone auf, die man von höchster Stelle aus im Blick haben sollte. Man kann und sollte diese technischen Errungenschaften nicht in Frage stellen, aber es muss doch eine Möglichkeit seitens des Staates geben, kriminelle Sachen, bei denen es um das Wohl eines einzelnen Menschen geht, in dessen Privatsphäre eingedrungen wird und ihm dadurch erheblichen finanziellen als auch moralischen Schaden droht, diese von ihm fernzuhalten und dem Verursacher mit harten Strafen seine Grenzen zeigen. Wer das Internet nur so als Art Spielgerät sieht, der kann ganz schnell zum Spielball krimineller Machenschaften werden.

Zu interessanten Spielgerät unserer Kinder gehört das Smart-Phone. Da man auf allen Ebenen miteinander kommunizieren kann, ist dies nach neuesten Meldungen ein willkommendes Mittel für Salafisten, junge Menschen für den Dschjad zu begeistern und zu gewinnen. Ihre Propaganda dringt somit bis in die Kinderstuben. Eltern und Kinderschutzorganisation sollten daher wachsam sein. Zu dem von mir angeprangerten Freizeitverhalten unserer Kinder möchte ich auch Kritik an deren Ernährung und Essverhalten tätigen. Fernsehbilder aus Amerika zeigen unwahrscheinlich viele korpulente und übergewichtige Personen, angefangen von Kleinkindern bis hin zu den Erwachsenen. Diese Tendenz ist mittlerweile auch hier bei uns in Deutschland erkennbar. Laut Statistik ist fast jeder vierte Mensch in Amerika an Diabetes erkrankt und diese Tendenz befürchte ich in absehbarer Zukunft auch hier bei uns. Ursachen sind, wie schon von mir erwähnt, falsches Freizeit- und Ernährungsverhalten. Die von Amerika zu uns übergeschwappten Fastfood Ketten wir Burger King und Mc Donalds tragen ihren Teil dazu bei. Ich möchte deren Ernährungsangebote nicht an den Pranger stellen und sie auch nicht als ungesund darstellen, nur eine einseitige Ernährung derer Angebote scheint mir für den körperlichen Organismus nicht ausreichend zu sein. Sie ist mir nicht ausgewogen genug und führt dem Körper nicht die wichtigen Vitamine und Spurenelemente zu, die er um des Gesundheitswillen unbedingt braucht. Gerade Kinder in der Wachstumsphase brauchen eine ausgewogene Ernährung mit Obst und Gemüse, um mal zwei Beispiele zu nennen. Vieles deutet drauf hin, dass Eltern sich gar nicht mehr die Mühe machen, ein vernünftiges gesundes Essen auf den Tisch zu bringen, sei es aus Zeitgründen, da beide Elternteile beruflich gebunden sind, oder etwa aus Bequemlichkeit. Viele Kinder gehen schon morgens ohne Frühstück zur Schule. Man gibt ihnen Geld in die Hand um sich beim Bäcker ein trockenes Brötchen zu holen, was sie aber, so erlebe ich es des Öfteren, in Süßigkeiten umsetzen. An vielen Schulen wird ein warmes Essen ausgegeben, doch wer kontrolliert, ob dieses auch entsprechend angenommen wird? Menschen, die sich schlecht ernähren, werden auch in der Schule oder im Beruf nicht die gewohnte Leistung bringen. Körper und Geist fehlt die entsprechende Kraft.

Fehlende Bewegung an der frischen Luft ist ein weiterer Anlass dem Körper Schaden zuzufügen. Unterhaltung- und Kommunikationsgeräte machen aus Menschen notorische Stubenhocker. Haltungsschäden und schlechter Muskelaufbau sind Folgen dieser Verhaltensweisen, sie ziehen unmittelbar Krankheiten nach sich. Darum liebe Eltern, schickt eure Kinder raus in die Natur und wenn möglich in einen Sportverein. Vor meiner Haustür liegt ein Kinderspielplatz und da glaube ich Kinder zu erkennen, die in die von mir beschriebene Kategorie passen. Unbeholfen und steif in ihren Bewegungen versuchen sie sich irgendwie an ein Spiel anderer Kinder zu beteiligen. Schon dort zeigt sich, wer eventuell als eine Art Außenseiter abgestempelt und es vielleicht im nachfolgendem Leben schwer haben wird. Eine vernünftige Erziehung sollten wir unseren Kindern schon anbieten und ihnen entsprechende Werte mit auf den Weg geben.

Ehrlichkeit, Zuverlässigkeit und Treue sind Werte, die zum Beispiel in einer Partnerschaft eine große Bedeutung haben. Eine Partnerschaft gab es lange nur in Form einer Ehe zwischen zwei Geschlechtern wie Mann und Frau. Heute mehren sich, was früher verpönt und gesellschaftlich unmöglich war, Partnerschaften gleichen Geschlechts. Glaubensgemeinschaften sehen solche menschlichen Verbindung trotz Vergehen von Geistlichen an gleichgeschlechtlichen Personen, noch immer skeptisch gegenüber und in einigen Staaten, man nehme hier Russland, werden andersartige Personen verfolgt. Gefühle oder Liebe zwischen zwei Menschen kann und sollte man nicht bekämpfen oder verbieten, sie sind ein Geschenk, welches uns gegeben worden ist und mit den von mir aufgeführten Werten Bestand haben sollte. Aber was versteht man heute in unserer multikulturellen und schnelllebenden Gesellschaft unter dem Begriff Liebe, welche Bedeutung hat dieses Wort noch? Prominente und in der Öffentlichkeit stehende Personen dienen quasi unseren Jugendlichen als Vorbilder, ihr angeblich sorgenfreies Leben als Maßstab für gewisse Träumereien. Ganz vereinzelte in der Welt der Prominenten sind standhaft ihrem Versprechen vor dem Gesetz und der Kirche geblieben und haben dem Ausspruch „bis das der Tod euch scheidet", Gerechtigkeit verliehen. Eine gut funktionierende Beziehung wird mit Herz und Verstand geschlossen, in der neben den drei

Werten Vertrauen und Respekt voreinander weitere wichtige Faktoren sind, um ein Leben lang zu stehen. Bleibt all dieses unberücksichtigt und es artet wiederholt in Unmut und Streit aus bis hin zu Gewalttätigkeiten, so ist es sicher besser, wenn Partner sich trennen. Der Volksmund unterscheidet zwei Arten von Beziehungen, da ist einmal die Liebesehe und andersmal die Vernunftehe. In einer Liebesbeziehung werden leicht das körperliche Aussehen des Partners, seine Art, wie er sich bewegt und kleidet uns seine sexuelle Ausstrahlung als Indiz genommen. Anders, so sagt man, ist es in einer Beziehung aus der Vernunft heraus. Hier sind neben dem äußerlichen Gefallen die innerlichen Werte des jeweiligen Partners gefragt. In solch einer Beziehung steigt man nicht beim ersten Kennenlernen in die Kiste, wie es so im Jargon der Jugendlichen heißt, sondern man verdient sich das gegenseitige Vertrauen und legt somit ein Fundament für eine glückliche Beziehung. Eine Liebesehe ist oftmals das, was die Flitterwelt der Prominenten uns vorgaukelt, die ersten miteinander gesprochenen Worte sind „Ich liebe dich". So eine Beziehung steht meist auf sehr wackeligen Beinen. Es gibt auch Beziehungen in denen sich ein Partner in eine finanzielle und materielle Abhängigkeit begibt, wenn sich junge weibliche Personen in einen wesentlich älteren Herrn verlieben, der eine glamouröse Vergangenheit hat oder finanziell gut betucht ist und ihnen jeden Wunsch erfüllen kann. Hier, so will ich mal behaupten, spielt nicht das Herz die Hauptrolle, sondern man betrachtet den Partner als eine Art Ware, wenn Mädchen einen Partner heiraten, der gut und gerne von ihrem Alter her ihr Vater sein könnte, dazu schon einige Ehen dieser Kategorie hinter sich hat, wie definiert sich dann das Wort Liebe? Die Illustrierten sind gespickt mit Berichten und Bildern solcher Begebenheiten, doch liebe Verleger, sowas gehört nicht auf die erste Seite einer bekannten und von Millionen Menschen täglich gekauften Tageszeitung. Da meine ich gibt es verdammt wichtigere

Sachen, die sich in der für uns Menschen so unruhigen Welt abspielen.

Vieles in der Welt ist nicht normal, so manches scheint aus dem Ruder zu laufen, es ist eine was die Weltpolitik betrifft, unruhige und unübersichtliche Zeit. Darum scheint es mir wichtig, dass der Bürger in unserem Lande Vertrauen in die Politik hat, was auch hierzulande nicht ganz einfach ist. Offenheit und Ehrlichkeit, diese zwei Bausteine sind Inhalt für solch ein Vertrauen. Vertrauen in die Obrigkeit wie Polizei und Justiz, die Gerechtigkeit ausüben und den Bürger beschützen sollen. Doch man hört und liest immer wieder Unzulänglichkeiten, die von diesen Gremien ausgehen, einige davon mit verheerenden Folgen. Menschen wurden aufgrund schwammiger Indizien festgenommen und zu langen Haftstrafen verurteilt. Nach fortlaufenden Unschuldbeteuerungen und schließlich der Wiederaufnahme des Verfahrens, stellt sich nach Jahren heraus, dass Derjenige unschuldig verurteilt worden ist. Neben vielen kleineren Fehleinschätzungen von Polizei und Justiz ist solch eine Sache eines Rechtsstaates unwürdig. Wie heißt es doch so schön, „Recht haben ist noch lange nicht Recht bekommen".

Wie viel Vertrauen können wir Verbraucher beim Kauf und Verzehr unser Nahrungsmittel haben? Da ist uns in den vergangenen Jahren so einiges um die Ohren geflogen und man steht weiterhin vor negativen und nicht gerade der Gesundheit des Menschen zugestandenen Lebensmitteln. Ein Skandal jagt den Anderen, da unsere Grundnahrungsmittel nicht den Gesundheitsnormen entsprachen, sie waren durchsetzt mit gesundheitsgefährdenden Substanzen. Man denke da nur an die mit Pestiziden behafteten Gemüsesorten, an den Skandal in der Fleischindustrie, an Schadstoffen in Eiern, Milch und Babynahrung, man kann fast behaupten, in Allem was für den Menschen ernährungsgemäß wichtig war, wurde was gefunden. Unser Reinheitsgebot wurde wiederholt in Frage gestellt und da ist es, so meine ich, doch langsam Zeit, dass die Gesundheitsexperten nicht nur darüber reden sondern handeln, indem sie harte und empfindliche Strafen gegenüber den Erzeugern verhängen. Wer nur des Profites wegen mit der Gesundheit der Verbraucher spielt, dem gehört ganz schnell das Handwerk gelegt. Diese Missstände tragen einem Teil dazu bei, dass Menschen an der oft tödlichen Krankheit Krebs leiden.

Apropos Gesundheit, hier geht es um das Vertrauen in unsere Ärzte, Krankenhäuser und caritativen Einrichtungen in unserem Lande. Unser Gesundheitssystem ist sicher, was die Qualität angeht, eines der besten auf dieser Welt, doch durch demographische Veränderungen in unserer Gesellschaft, sollte man darauf achten, dass dieses auch so bleibt und was sehr wichtig erscheint, für Jeden von uns auch bezahlbar ist. Unsere Gesellschaft, dies besagen Statistiken, wird immer älter und es hakt gewaltig in den von mir erwähnten Einrichtungen. Erschreckende Bilder treten zu Tage, wie dort mit sich selbst nicht helfenden Personen umgegangen und verfahren wird. Gemeint sind Einrichtungen der Altenpflege, in denen alleinstehende Personen, oder diejenigen, die von Familienangehörigen nicht ausreichend gepflegt werden können, einen Platz haben. In so manchen Einrichtungen ist der Wert Menschenwürde nicht gegeben. Der Hinweis auf zu wenig Personal und deren Überlastung dürfen kein Indiz für menschenunwürdige Zustände sein. Ich möchte da nicht auf einzelne Sachen eingehen, einige Bilder dürften uns ja noch von den Medien geläufig sein. Wer unmenschlich mit ihm anvertraute Personen umgeht, den sollte man schnellstens aus diesem Beruf entfernen. Der Beruf des Altenpflegers wird durch das Älterwerden der Menschen und durch eine Wohnsituation, die einem gebrechlich alten Menschen nicht mehr gerecht wird, an Bedeutung gewinnen. Hier ist es dann wichtig, dass man eine qualitative Auslese vornimmt und den Personen eine, ihrer Verantwortung angemessener Entlohnung, zukommen lässt.

Ich habe die Ärzte und Krankenhäuser angesprochen, auch hier sind Mängel zu beklagen. Häufig treten in Krankenhäusern und Kliniken Infizierungen durch Keime bei Babys, Kleinkindern bis hin ins hohe Menschenalter auf. Es kann nicht angehen, dass sich ein Patient vor einer Operation mit Gedanken dieser Art zusätzlich belastet. Weist die Sterilität in unseren medizinischen Einrichtungen derartige Mängel auf, oder woran liegt es, dass wir gegenüber unserem Nachbarn den Niederlanden häufig derartige Fälle haben. Ferner hört und liest man von zurückgelassenen Operationsmaterial im Körper eines Menschen, eine Sache die man bei einem so hochwertigen Beruf nicht mit dem Ausspruch „wir oder vielmehr es sind auch nur Menschen“, abtun kann. In den Krankenhäusern, als auch bei den niedergelassenen Ärzten schält sich immer häufiger eine Zweiklassengesellschaft heraus. Privatpatienten gehen vor Kassenpatienten was Terminabsprachen und Wertigkeit von Medikamenten angeht. Vor dem Gesetz sind alle gleich, so lautet ein wichtiger Ausspruch und dieses sollte auch zwischen Arzt und Patient sein. Ich habe es mehrmals erlebt und auch von anderen bestätigt bekommen, dass Ärzte sich kaum Zeit nehmen für eine gründlich angebrachte Untersuchung, sondern dem Patienten aufgrund seiner vorgetragenen Beschwerden ein Medikament verschreiben. Die Aufmerksamkeit und das entgegengebrachte Vertrauen früherer Hausärzte sind nicht mehr gegeben. Zum Beruf eines Arztes gehört nicht nur ein medizinisches Fachwissen, sondern es bedarf auch psychischer Eigenschaften, um sich in den jeweiligen Menschen hineindenken zu können. Ein Arzt, der seine Patienten Zuhause behandelt, kann eventuell aus dessen häuslichem Umfeld für die Behandlung wichtige Schlüsse ziehen, die dem Patienten eine schnellere Heilung ermöglichen.

Ist unser Gesundheitssystem auf Dauer zu teuer, oder kann sich ein so moderner Industriestaat wie Deutschland all dieses leisten? Diese Frage ist nur zu lösen, wenn sich die einzelnen Parteien in diesem System wie Krankenkassen, Ärzte und Pharmaindustrien effizienter verhalten und nicht nur auf das für sie lukrative und finanzielle Geschäft schauen. Einsparungen durch ausgewogener Medikamentenbehandlung der Patienten, genauere Kalkulierungen zum Beispiel von Röntgen- und anderen medizinischen Geräten einsetzen, genaueres Hinschauen der Krankenkasse bei der Vergabe von Therapien, all dieses sind Punkte, in denen man Einsparungen vornehmen und für andere wichtige gesundheitliche Maßnahmen verwenden kann. Patienten klagen über ständig heranwachsende Medikamentenzuzahlungen, über horrende Summen beim Zahnersatz, um nur zwei von vielen zu nennen. Für Personen mit geringen Einkommen ist das eine Belastung. Es ist nicht damit getan, was die zahnärztliche Behandlung angeht, sich Zusatzversichern zu lassen, es muss für die eine oder andere Person bezahlbar bleiben. Es bedarf dringender Reformen, um ein ausgewogeneres Gesundheitssystem vorweisen zu können.

Ich komme nochmal auf den Wert der Glaubwürdigkeit zurück, den ich vorab in Bezug auf eine Partnerschaft dargestellt habe. In allen Facetten des täglichen Lebens geht man mit diesem Wert, so glaube ich, sehr leichtfertig um. Jeder von uns hat sicher schon gelogen, nicht die Wahrheit gesagt und dabei einen anderen Menschen oder sich selbst in Schwierigkeiten gebracht. Unwahrheiten über andere Personen tätigen kann zu verheerenden Folgen führen und dem jeweils Betroffenen noch lange nachhängen.

Schwerwiegende unwahrheitsmäßige Behauptungen können extreme Belastungen bis hin zu Krankheiten wie Depressionen zur Folge haben und man spricht in Extremfällen von einem Rufmord. Manche Personen erfreuen sich daran einem Anderen weh zu tun, ohne sich Gedanken über gewisse Konsequenzen zu machen. Kinder, so sagt man, sind in ihren Aussagen und Behauptungen oftmals direkt und auch in der ein oder anderen Situation verletzend, doch sie überlegen dabei nicht und können die Folgen nicht abschätzen. Erwachsene sind da schon berechnender und wissen genau, was sie ihrem Gegenüber da antun. Ein notorischer Lügner kann sich auch selbst ganz schnell durch unwahrheitsgemäße Behauptungen ins Abseits stellen und sich einen dauerhaften Makel einfangen, so dass sein Umfeld ihn meidet und verachtet. Manchmal, so glaubt man mit einer Lüge besser leben zu können, als abrupt die Wahrheit zu sagen, dies erscheint mir in den meisten Fällen ein Trugschluss zu sein. Die Lüge schiebt die entstandenen Probleme nur vor sich her, in dem Glauben, es wird alles gut und man kommt ungeschoren davon. Besser scheint es mir da schon Kante zu zeigen und sofort in einer Auseinandersetzung mit der Wahrheit rauszurücken. Es tut zwar in machen Augenblicken weh, aber die Fronten sind geklärt und die gegenseitige Achtung bleibt gewahrt. Diejenige Person, die eine Lüge getätigt hat, lebt immer mit einem Unwohlsein und innerem Druck irgendwann erwischt zu werden. Wir Menschen sollten nicht so gleichgültig mit der Wahrheit umgehen, denn dieses ist nicht förderlich für eine funktionierende Gesellschaft.

Wegen den augenblicklichen Ereignissen in der Welt, möchte ich den Wert der Menschenwürde, den ich in meinen Ausführungen schon einmal kurz angeschnitten habe, etwas ausführlicher darstellen. Solange die Menschheit besteht, ist dieser Wert mit Füßen getreten worden und dieses oft in einer unvorstellbaren Art und Weise. Viele Brennpunkte in der Welt belegen seit geraumer

Zeit Ereignisse, die zu großen Besorgnissen Anlass geben. Da sind zum Einen, ich wiederhole es nochmal in ein paar Sätzen, die grausamen Truppen der deislamischen ISIS, die wie Raubritter durch die Lande ziehen und Frauen mit ihren Kindern vergewaltigen und töten. Andersgläubig Gefangene vor laufender Kamera, der ganzen Welt zeigend, die Köpfe abschlagen und sich wie blutrünstige Bestien aufführen. Millionen Menschen flüchten vor ihnen in Nachbarländer, wo ihnen Notunterkünfte wie Zelte und zusammengezimmerte Behausungen zur Verfügung gestellt werden. Die aufnehmenden Länder sind mit dieser Situation überfordert und die Weltgemeinschaft ist sich nicht einig in Sache einer humanitären und für das Leben der Flüchtlinge wichtigen Versorgung. Versorgungen im medizinischen Bereich und was die Grundnahrung betrifft, damit diese Menschen überleben und den kommenden Witterungsbedingungen standhalten können. Es sind Menschen wie wir, egal wie sie aussehen, wie sie sich kleiden oder welcher Kultur oder Glauben sie angehören, sie fühlen in ihrem Leid und Elend wie jeder andere betroffene Mensch dieser Welt. Flüchtlingsströme in den arabischen Regionen, provokative Auseinandersetzungen in der Ukraine mit vielen Toten, fast wöchentliche Selbstmordanschläge der Taliban im ostasiatischen Raum, Massaker islamzugehöriger Milizen in den afrikanischen Ländern, Mordanschläge mit weit über tausend Toten in Mexiko, man sieht an allen Ecken der Welt lauert Tod und Verderben und niemand ist in der Lage, aus welchen Gründen auch immer, diesem Verbrechen ein Ende zu setzen. Meine Hoffnung besteht darin, dass die jungen Generationen dieser Welt nach Freiheit und Selbstbestimmung streben und nicht ständig in Unterdrückung und Gewalt leben wollen. Deutschland hat der Welt, nachdem sie diese in Angst und Schrecken versetzt hat gezeigt, dass eine friedliche Revolution zum Erfolg führen kann. Sie hat Gräben und

Mauern überwunden und ein lange getrenntes Volk wieder vereint. Hier hat sich gezeigt, dass ein jahrelanger verbissen geführter Dialog besser als Gewalt sein kann. Europa hat diesen Friedenswillen aufgenommen und verinnerlicht, dieses würde ich mir wünschen in allen Regionen dieser Welt.

Unsere Gesellschaft hier in Deutschland, wie auch weltweit, deklarieren bestimmte symbolische Tage im Jahr, wo sie auf etwas aufmerksam machen möchte, wie zum Beispiel der Tag des Kindes. Eine Art „Mahn-Tag" an alle Völker dieser Welt, den Kindern mehr Liebe, Toleranz und Lebensqualität entgegen zu bringen. In vielen Ländern werden Kinder diskriminiert und zu einer Arbeit gezwungen, Arbeit die ihnen kräftemäßig alles abverlangen und ihnen ein Leben beschert, dass eines Kinder unwürdig ist. Man sieht Fernsehbilder, wo Kinder in einem Steinbruch oder eine Mine bis zur Erschöpfung schwere Lasten tragen und giftige Dämpfe einatmen. Kinder, die Tag und Nacht mit wenig Schlaf auskommend in Fabriken Textilien herstellen. In manchen Ländern Kinder ohne Schutz mit Pestiziden hantieren, oder auf dem afrikanischen Kontinent bei der Kakaoernte unter schweren klimatischen Bedingungen zentnerschwere Lasten tragen müssen, damit die zivilisierte Bevölkerung in allen Teilen der Welt sich an Süßigkeiten wie Schokolade ergötzen können. Was sagen uns die Bilder aus den arabischen Regionen, wo man Kinder das Hantieren mit Kriegswaffen beibringt oder sie als Selbstmordattentäter ausbildet? Man hat vielen, die von mir zitierten Kindern ihren Willen gebrochen und all ihre Rechte genommen, ein Verbrechen unvorstellbarer Größe. Man schaue nur mal in ihre Augen, die einen verzweifelten Hilferuf erkennen lassen oder schon einen starren und leeren Ausdruck zeigen, wo alle Hoffnungen verflogen scheinen. Wir Menschen in der zivilisierten Welt machen uns kaum Gedanken über die Produkte, die unter solchen Bedingungen von

Kinderhand gefertigt und überall preiswert in dem Laden angeboten werden, es ist mal krass gesagt schmutzige Ware. Schmutzig ist die Ware nicht nur wegen der schon erwähnten schweren Herstellung, sondern auch noch zusätzlich wegen der menschenverachtenden Entlohnung dieser Kinder, Lohn von denen sie sich nicht mal am Tage ernähren können. Diese Kinder sind Sklaven, deren Lebenserwartung auf wenige Jahre begrenzt ist. Ich habe nun von unmöglichen Zuständen in anderen Ländern berichtet, aber und die Frage sollten wir auch mal stellen, wie sieht es mit den Kindern hier bei uns in Deutschland aus? Laut Statistiken steigt die Zahl an Kinderarmut kontinuierlich und dies in einem so reichen Land wie das unsrige. Ich habe dieses Thema in meinen Ausführungen schon mal angedeutet, doch es lohnt sich sicher etwas näher darauf einzugehen. Man sieht in deutschen Großstädten Kinder die betteln, die Tag und Nacht auf der Straße liegen und unter Brücke schlafen, die sich bei caritativen Einrichtungen eine warme Mahlzeit besorgen. Es gibt Kinder, die aus der Armut heraus von ihren Eltern angehalten werden auf illegale Weise Geld und andere brauchbare Sachen zu stehlen, wie zum Beispiel in Kaufhäusern, wo sie in einem unachtsamen Augenblick Leuten die Geldbörse aus der Einkaufstasche entwenden, oder auf der Straße älteren Personen die Handtasche entreißen. Welcher Herkunft diese Kinder sind, ob deutschstämmig oder mit Migrationshintergrund, dies ist mir nicht wichtig, schlimm ist, dass es in einem solchen Land überhaupt so etwas gibt. Sicher haben es Kinder von Immigranten schwerer, als Kinder die hier geboren und deren Eltern von Hartz 4 leben, da der Gesetzgeber den Eltern den Zugang auf Arbeit und den Kindern den Weg zur Bildung verwehrt wird. Diesen Kindern eine Welt eröffnen, in der sich Träume wieder lohnen. In der sie sich geborgen fühlen und geachtet werden. Gewalt und Missbrauch an Kindern ist immer noch ein Delikt, was mir in seiner Häufigkeit, die Dunkelziffer nicht einbezogen, große Sorgen bereitet. Hier ist die Gesellschaft gefordert, wachsam zu sein und bei der ersten Verfehlung den Gesetzgeber einzuschalten. Oftmals spielen sich diese Delikte in Familien und deren Umgebung ab und dieses scheint mir schon ein trauriger und bedauernswerter Zustand zu sein. Kinder die in Familien, wo Gewalt an der Tagesordnung ist, aufwachsen werden es später an ihren Nachkommen weiter praktizieren. Deshalb ist eine gewaltfreie Erziehung von Kindern von großer Bedeutung. Kinder haben und hier meine ich alle Kinder dieser Welt, unseren Respekt verdient, sie sollten ein Geschenk für uns sein.

Deutschland ist nach Amerika das Land mit der höchsten Einwanderungsquote und man stellt sich nach den jüngsten Ereignissen in Sachen der Menschenvertreibungen die Frage, wie viel Zuwanderung verträgt dieses Land. Ich habe in meinen Ausführungen schon von den Einwanderungen aus den osteuropäischen Ländern berichtet, die ich überwiegend in die Kategorie Wirtschaftsflüchtlinge gesteckt habe, doch diejenigen, die in jüngster Zeit aus den Kriegsgebieten kommen, haben für mich eine andere Bedeutung, sie flüchten vor Gewalt, Folter und dem Tod. Diese Menschen sollte man ein Leben in Freiheit nicht verwehren. Die Bilder, die uns täglich von den Flüchtlingen erreichen, die von skrupellosen Schlepperbanden in überfüllte und teilweise marode Boote gesetzt werden, dürfen uns Europäer nicht kalt lassen. Die Regierungen der westlichen Industriestaaten sollten alles dafür tun, solche Machenschaften schon vorab in den Ausgangsländern zu unterbinden und diese scheinbar gut organisierten Banden mit allen möglichen Mitteln das Handwerk legen.

Wenn ich die Lebenszustände auf dem afrikanischen Kontinent oder im südostasiatischem Raum sehe, dann frage ich mich, wo sind Entwicklungshilfen, die über Jahrzehnte bezahlt wurden eigentlich hingegangen? Scheinbar sind sie nicht dort angekommen, wo sie hätten hingehört, sondern wahrscheinlich in dunkle Kanäle versickert. Wie soll die Wirtschaft in diesen Ländern florieren, wenn die ganze intellektuelle Generation ihre Heimat wegen Gewalt und Korruption verlässt? Sie sehen keine Zukunft und versuchen ihr Glück irgend anderswo. Ihre Vorfahren haben schon Schlimmes durch die Kolonialherrschaften mitmachen müssen, wo der Mensch als ein minderwertiges Individuum gesehen und behandelt wurde. Sie wollen ein anderes Leben.

Man hat in vielen Städten Deutschlands Umfragen in der Bevölkerung hinsichtlich dieser Angelegenheiten der Zuwanderung gestellt und es sind interessante Ergebnisse herausgekommen. Eine sozial eingestellte jüngere Generation befürwortet eine größere Einbürgerung. Sie meinen dies wäre eine Bereicherung für die Kultur. Junge Menschen gehen viel unvoreingenommener eine freundschaftliche Beziehung mit einem ausländischen Mitbürger ein, als die ältere Generation. Deutlich kann man dieses in den Schulen und Sportvereinen erkennen, dort spielt es keine Rolle, welche Hautfarbe ihr Gegenüber hat, oder wie er sich seiner Herkunft gemäß kleidet. Sicher ist da auch eine gewisse Neugier nach der fremden Kultur im Spiel. Menschen älterer Generationen dagegen stehen einer vermehrten Einwanderung eher skeptisch gegenüber, sie haben Bedenken, dass man ihnen von dem, was sie sich in all den Jahren nach dem Krieg erarbeitet haben, etwas wegnehmen wird. Sie scheuen die Nähe von Flüchtlingen und Migranten, dies ist besonders in sozial schwachen Regionen im ostdeutschen Raum zu erkennen, da, wo selbst für die einheimische Bevölkerung wenig Beschäftigung und somit eine geringere Lebensqualität vorhanden ist. Dabei und dies beziehe ich nun auf das ganze Land, müssen wir schon aus demographischen Gründen uns Gedanken um mehr Integration ausländischer Bürger machen. Da nachgewiesen bei uns in Deutschland zu wenige Kinder geboren werden und die Bevölkerung immer älter wird, kann die Wirtschaft gewisse Stellen in hochtechnischen Berufen nicht mehr besetzen und macht sich somit Sorgen dem Wettbewerb in einer globalen Welt standhalten zu können. Junge Menschen, die ihr Wissen in ihrem Herkunftsland nicht produktiv einsetzen können oder dürfen, denen sollte man hier bei uns eine Chance geben. In anderen Umfragen sind mir Aussagen aufgefallen, die in eine ganz andere Richtung zielen. Hier hatten ältere Menschen nichts gegen mehr Einbürgerung, sie sträubten sich nur gegen eine Unterbringung in ihrem Wohngebiet, vor ihrer Haustür, wie sie sich ausdrückten. Sie bangen um die tägliche Ruhe, um die Sauberkeit ihres Wohngebietes und um die Gefährdung des sozialen Friedens. Keiner will sich mehr so recht an die Zeiten kurz nach dem zweiten Weltkrieg erinnern, wo die deutsche Bevölkerung selbst von Armut betroffen und auf Hilfe angewiesen war.

Apropo sozialer Frieden, da sind in den letzten Jahren vermehrt Personen in deutschen Landen unterwegs, für denen das Wort Frieden eine andere Bedeutung hat. Sie nehmen jegliche Zuwanderung als Futter für ihr neonazistisches Verhalten und ihrer Aktivitäten. Einmal sind es Menschen mit einer anderen Hautfarbe, dann diejenigen, die durch ihre Bekleidung eine andere Kultur präsentieren, oder es sind Personen, die versuchen durch ihren muslimischen Glauben sich der Gesellschaft stark in Szene zu setzen. Alles Personen, an denen sie Gewalt ausüben, da sie selbst keinen nutzbringenden Lebensinhalt haben. Auf diese Randgruppierungen muss der Staat ständig ein wachsames Auge haben, sie dürfen nicht zu Hauptakteuren des täglichen Straßenbildes werden. Junge Menschen sollten es sich gut überlegen, bevor sie den Weg der Gewalt und des Hasses der Gesellschaft gegenüber einschlagen. Ich kann verstehen, dass man gefrustet ist, wenn einem in der Gesellschaft Perspektivlosigkeit vorgehalten wird und wiederholt, trotz intensiver Bemühungen, Steine in den Weg gelegt bekommen. Es ist kein Grund sich Scheuklappen aufzusetzen und einem Konfrontationskurs einzuschlagen, der darin besteht, sich zu prügeln, Menschen zu verachten und ihnen Schaden zuzufügen. Bei vielen dieser jungen Menschen sind sicher die Weichen in der Familie falsch gestellt worden, entweder sind sie mit der Gewalt aufgewachsen oder die andere Seite, die es auch gibt, man hat ihnen ständig nur Zucker in den Arsch geblasen und damit eine gewisse Labilität heraufbeschworen und gefördert. Diese Jungen und Mädchen suchen vielleicht dann den sogenannten Kick um sich der Öffentlichkeit zu zeigen und nicht als Memmen abgestempelt zu werden. Sie sind dann eine leichte Beute für Personen, die von einer Wertegesellschaft nichts halten, sondern versuchen sie zu bekämpfen. Wir haben in Deutschland einen wachsenden Rechtspopulismus, der sich dieser jungen Generation annimmt. Versuchen ihnen ein anderes Deutschland vorzugaukeln. Dieser wachsende rechte Rand ist leider kein rein deutsches Phänomen sondern er ist mittlerweile in vielen europäischen Staaten präsent. Um solch ein Abrutschen zu vermeiden, sollten die Verantwortlichen in der Gesellschaft und dem Staat Bedingungen schaffen, die allen jungen Menschen wieder Hoffnung gibt auf ein normal menschenwürdiges und gleichberechtigtes Leben. Gebt einer sich immer weiter ausbreitenden Ellenbogengesellschaft, in der nur der Stärkere sich durchsetzt, keine Chance.

In einer so modernen Wertegesellschaft gehört zum Leben eines jeden Menschen auch der Tod als ein ständiger Begleiter und hier ist seit Jahren mal wieder eine Diskussion im Gange, wie jeder Einzelne und die Gesellschaft mit diesem, so furchteinflößendem Begriff, umgeht. Der Tod ereilt Menschen im Verkehr, im Beruf, im Urlaub, beim Sport, er lauert überall im Leben. Es gibt Menschen, die plötzlich und unerwartet aus dem Leben gerissen werden zum Beispiel in denen von mir angebenden Sportarten, es gibt aber auch Menschen, die durch einen hartnäckigen Krankheitsverlauf zu Tode kommen. Wie gehen die nächsten Angehörigen mit solch Begebenheiten um und wie verhält sich die Gesellschaft und hier bin ich bei der Diskussion im Falle eines Ablebens durch eine tödlich verlaufende Krankheit? Hat der Mensch ein Recht selbst zu bestimmen, wann sein Leben zu Ende ist, oder liegt die Entscheidung letztendlich bei den behandelnden Ärzten? In dieser mal immer wieder neu aufkommenden Diskussion bringen sich auch die Kirchen mit ein, die eine Beendigung eines Lebens nur in Gottes Hände legen wollen. Stellen die Ärzte nach einem schweren Unfall oder nach einer qualvoll verlaufenden Krankheit den Hirntod bei einem Patienten fest, so scheint es mir vernünftig, den Körper eines Menschen nicht unnütz am Leben zu halten, es belastet unnötiger Weise die vorhandene Familie und gibt dem Ganzen keinen Sinn. Man sollte genaue Kriterien setzen und zwar Europaweit, damit die Beendigung eines Lebens nicht zum finanziellen Spielball unter verschiedenen Ländern wird, ich denke da zum Beispiel an Regelungen in der Schweiz und Holland. Das Recht auf Leben, diesen Wert kann man nicht hochgenug ansiedeln, doch es muss auch ein Recht auf ein würdevolles Ausscheiden aus dem Leben gewährleistet sein. Hier sollten auch die Glaubensgemeinschaften in eine modern gestaltete Verantwortung genommen werden.

Oftmals werden uns Bilder und Dokumentationen vom Elend der Menschen aus Afrika und anderen Ländern dieser Welt übermittelt und da gibt es Werte, von denen in meinen Ausführungen die Rede war, die bewusst von den jeweiligen Regierungen nicht akzeptiert und geduldet werden. An speziellen Tagen im Jahr und hier nehme ich mal besonders die vorweihnachtliche Zeit, wo man uns Menschen in den sogenannten reichen Ländern an die Not und Schicksäle dieser Menschen erinnert. Es sind Spendenaufrufe an alle Bürger, Künstler aus allen Showssparten stellen sich zur Verfügung, die Not bei den Menschen in diesen Problemländern zu mindern. Ich habe mir mal den afrikanischen Kontinent ausgesucht, da dort die politischen Zerwürfnisse von Jahr zu Jahr zunehmen. Die Apartheit scheint zwar überwunden, die Farben haben an Aggressivität verloren, doch es sind Banden meist religiöser Art, die für Unheil und Chaos sorgen, die mit einer unvorstellbaren Brutalität durch die Lande ziehen und zigtausende Menschen hingerichtet haben und wenn ihnen die Weltgemeinschaft keinen Einhalt bietet, es immer weiter zu machen.

Ich habe vielleicht über Probleme ähnlicher Art berichtet, doch es gibt auch etwas Positives und Erfreuliches aus diesen Konfliktstaaten zu berichten. Von einer ganzen Reihe hervorragender Personen wird dort ein Wert hochgehalten, der den leidenden Menschen ein bisschen Hoffnung auf ein eventuell besseres Leben vermittelt. Es ist die Barmherzigkeit, die sich in einer bedingungslosen Hilfsbereitschaft unter extrem schwierigen Verhältnissen dort in der Arbeit von Ärzten, Ordensbrüdern und Schwestern, sowie caritativen und kirchlichen Verbänden wiederspiegelt. Mit einer unwahrscheinlichen Hingabe vernichten die Helden, anders kann man sie gar nicht beschreiben, ihren Dienst am Menschen in ständiger Angst um ihr eigenes Leben. Sie bauen Schulen um die Bildung voranzutreiben und die Summe an Analphabeten einzuschränken. Sie errichten Krankenstationen um Menschen zu heilen, bei Geburten zu helfen und Epidemien wie die jüngst aufgetretene Ebola in Grenzen zu halten und, wenn möglich, ganz zu besiegen. Hierzu bedarf es nicht nur die Unterstützung der jeweiligen Regierung der einzelnen Länder, sondern auch die der reichen Industriestaaten dieser Welt, um finanzielle Aufgaben lösen zu können. Krankheiten, wie Malaria, Typhus oder Aids, um drei der geläufigsten dort in den Staaten zu nennen, haben schon große Lücken in die Bevölkerung gerissen, doch man ist schon so weit, dass man sie bei einer Früherkennung heilen kann. Ebola dagegen ist ein Virus, der die medizinische Forschung vor neue Aufgaben stellt und es ist, während ich davon berichte noch nicht gelungen ein wirksames Medikament dagegen zu finden. Es tut schon weh, wenn uns Bilder aus diesen Ländern erreichen, wo uns die großen Augen der notleidenden Kinder anschauen, in der Verzweiflung und die Bitte um Hilfe zu erkennen ist. Ja, ich glaube, es sind diese Augen, die uns Menschen in aller Welt das Herz ein bisschen wärmer werden lässt.

In den von mir erwähnten Spendenaufrufen und da möchte ich besonders mal die vorweihnachtliche Sendung „Ein Herz für Kinder“ erwähnen, die hier bei uns in Deutschland Jahr für Jahr große Summen an Geld hervorbringt, spiegelt sich die Hoffnung wieder ein kleines Lächeln in diese Kinderaugen zu zaubern. Prominente Personen aus Funk, Film und Fernsehen geben sich in dieser Sendung ein Stelldichein und sorgen für eine allgemeine Spendenfreundlichkeit. Hier begeistern mich nicht nur die großen Summen, sondern vielmehr die paar Euro von einer kläglichen Rente einer alten Frau, oder die kleine Summe vom Taschengeld eines Kindes, dies sind Werte, die ich in der Gesellschaft so im täglichen Leben vermisse. Mir geht es hier nicht um den finanziellen Aspekt, sondern vielmehr um den Wert des Mitgefühls, das mir in so manch anderer Situation fehlt. Würden die Menschen mehr mit dem Herzen handeln, so könnte man die immer größer aufkommende Kälte in unserer Gesellschaft eindämmen und in Grenzen halten. Um zurück auf die Spendenergebnisse hier bei uns in Deutschland und wahrscheinlich auch in anderen Ländern der

Welt zu kommen, hoffe ich, dass alles Gespendete dort auch zielgerecht ankommt und sich in den armen und betroffenen Ländern für die Menschen dort etwas positives tut. Das Hunger und Gewalt beseitigt werden und den Kindern der Weg zur Bildung geebnet wird. Begleiten wir sie mit unseren Taten von der Finsternis hinein ins Licht und geben ihren Träumen nach einem besseren Leben Hoffnung und Zuversicht. Ich habe in meinen Ausführungen vermehrt auf Probleme der Kinder hingewiesen und ich bin der Auffassung, dass in einer offenen und toleranten Gesellschaft, zu der wir uns ja immer gerne bekennen wollen, dies ein wichtiges Thema bleibt.

Sind unsere Werte noch was wert, sicher ein Thema, was nicht nur mir sondern vielen Menschen auf den Nägeln brennt. Gerade jetzt, wo ich meine Gedanken zu Papier bringe, fällt Europa und die Welt von einem politischen, wie auch wirtschaftlichem Extrem in das Andere. Europa halte ich in seinen Grundwerten nach dem zweiten Weltkrieg, bis auf einige ethnische Zwischenfälle im Jugoslawienkrieg als auch im Irak einigermaßen gefestigt hat den politischen Frieden über Jahrzehnten hochgehalten. Werte und Lebensweisen der Menschen in den Ländern Westeuropas haben im Laufe der Jahre in den östlichen Staaten Begehrlichkeiten geweckt und durch die Abspaltung einzelner Republiken aus dem russischen Großreich ist dieser Gigant ins Wanken geraten. Eines der wichtigsten Grundwerte der Menschen, der Frieden, hat sicher dazu Ausschlag gegeben. Frei sein im Gedankengut als auch im täglichen handeln und sich nicht als eine Art Marionette gewisser Machthaber fühlen. Durch den sogenannten Zerfall des russischen Reiches war bei den Machthabern die Befürchtung groß, den politischen Einfluss in der Welt zu verlieren dies galt unter allen Umständen zu verhindern. So kam es zu den Unruhen in der Ukraine mit der Annekition der Krim durch Russland. Eine eindeutige Verletzung der Genfer Beschlüsse, die der Kreml mit unterzeichnet und jetzt völkerrechtlich gebrochen hat. Warum bringe ich diese politische Note in meinen Ausführungen mit ein? Manche Völker dieser Welt haben, wie von mir schon einmal angedeutet, unterschiedliche Wertevorstellungen, sie definieren Grundwerte wie Freiheit, Menschenrechte mit all deren Facetten anders, als rein demokratisch geführte Länder. Hier liegt die augenblickliche Angst und Unruhe bei den Menschen in diesen Ländern, sie möchten keine Rückfälligkeit in einen Kalten Krieg oder gar eine gewaltsame Auseinandersetzung. Nur in einem ständig geführten Dialog mit Aggressoren scheint es möglich, gewaltsame Auseinandersetzungen zu verhindern. Das Wort muss die Waffe sein, mit dem man sich begegnet. Ich möchte noch kurz etwas zu Russland im Zusammenhang mit den Geschehnissen in der Ukraine sagen. Ich habe den Zerfall der Sowjetunion erwähnt und hier liegt, so meine ich, der Schlüssel für diesen Konflikt und für das Handeln der Machthaber in Russland. Machthaber ist vielleicht zu global gedacht, denn es ist oder vielmehr gesagt, es deutet alles auf eine Person hin, dem Präsidenten oder Zar, wie er sich gerne sehen würde, Putin hin. Das freiheitliche Denken und Handeln der Bürger und der politisch Verantwortlichen einzelner Staaten rückt dem sogenannten russischen Bär immer näher auf den Pelz und dies nagt an seinem Selbstvertrauen und er fürchtet Macht in der Welt zu verlieren. Da ist zum Einen ein stärker werdendes Europa mit seinem Bündnispartner Amerika und in seinem Rücken das Großreich China, ein für viele demokratisch geführtes Länder was das wirtschaftliche als auch militärische Gebaren angeht, noch undurchsichtige Staatsgebilde. Dabei waren Europa und Russland vor der Ukrainekrise schon auf einem guten Weg, was die wirtschaftlichen Beziehungen betraf, ich verweise da auf ein gewisses Lissaboner Handelsabkommen. Viele europäische und vor allem auch deutsche Firmen sind auf russischem Boden tätig.

Eine rege Zusammenarbeit in der Weltraumforschung, im medizinischen Bereich und noch vieles mehr, hat in den vergangenen Jahrzehnten stattgefunden und plötzlich stellt ein gewisser Herr Putin dies alles wieder in Frage. Russland wendet sich zusehends von Europa ab. Ich möchte gerne mal wissen, was im Kopf dieses ehemaligen KGB Agenten vor sich geht. Er ist die Person, die im jetzigen Ost-West-Konflikt im Fokus der Öffentlichkeit steht und dieses überwiegend im negativen Sinne.

Ich will versuchen mit meinen Worten und Überlegungen diesen Menschen mal zu beschreiben. Wie schon erwähnt, war er und dieses auch bei uns auf deutschem Boden als KGB Offizier tätig. Personen in solch einer Funktion legen ein anderes Denken als ein normaler Bürger an den Tag, sie sind was ihr äußerliches angeht, hervorragende Schauspieler. Sie wirken auf ihr Umfeld zugänglich, sind aber in ihrem Inneren berechnend und brutal. Sie tragen Verantwortung für Verhaftungen andersdenkender Menschen und sicherlich auch für so manche Liquidierung. Die Welt weiß von einiger solcher Fälle, die man diesem Regime in Russland zuschreibt. Putin verkörpert im Augenblick eine Person, die Menschen und Politikern anderer Gesinnung abfällig behandelt und sie zum Spielball seiner Politik degradiert, er wirkt in vielen Sachen unglaubwürdig. Es ist noch gar nicht so langer her, wo er im deutschen Bundestag gesprochen hat und seine Wortwahl ließ bei vielen Menschen Hoffnungen aufkommen auf ein toleranteres und ein bisschen demokratisch ausgerichtetes Russland, so war auch mein Eindruck. Was mag diesen Menschen geritten haben, plötzlich einen solch harten Konfrontationskurs gegenüber westlich orientierter Staaten zu fahren? Meine Vermutung deutet auf einen unbelehrbaren Egoisten hin, der seine Macht für sich selbst auskostet und die Menschen, für die er eigentlich Verantwortung trägt, ihrem Schicksal überlässt. Wenn er glaubt so in die Weltgeschichte eingehen zu müssen, so bleibt es ihm überlassen, er hätte sicher als Reformer besser dagestanden. Durch die Ukrainekrise und sein völkerrechtliches Vergehen wurden ihm eine Menge Sanktionen in verschiedenen Bereichen aufgebürdet, die seinem Land und hier vor allem die Bürger Schaden zufügen. Er spottet darüber und seine Propagandamaschine impft dem Bürgern ein, dass sein Land und hier ist das Wort „sein" zu unterstreichen, sich aus eigener Kraft hilft und nicht auf die Güter aus dem Ausland angewiesen ist. Dabei zeichnet sich ein Verfall der Wirtschaft und der Währung, dem Rubel, schon deutlich ab. Irgendwann wird er für diesen Kurs Rechnungen tragen müssen, denn die aufgeschlossene und längst westlich orientierte junge russische Generation will teilhaben an einer Modernisierung und Wohlstand, wie es sich in anderen europäischen Staaten abzeichnet und wird nicht länger zusehen, wie sich gewisse Oligarchen und Regierungsmitglieder weiterhin finanziell von der Normalbevölkerung absetzen. Sie wollen eine andere Wertegesellschaft. Bei Demonstrationen in aller Welt spürt man die Kraft und den Willen der Menschen etwas in ihrem Leben zu verändern. Bei dem Drang nach einer anderen Ideologie nach mehr Freiheit, setzen sie ihr eigenes Leben aufs Spiel. Hier und dies sollte Mut machen, sind es meist junge Menschen, gebildet an Universitäten, die den Machthabern trotzen und nach anderen Werten streben.

Ein gutes Beispiel über viele Jahre ist China, ein Land, das mit aller Macht eine wirtschaftliche Führungsrolle in der Welt anstrebt und einsehen musste, dass dieses nur über eine gute Bildung in Schule und Beruf ermöglicht werden kann. In Zeiten der 50er und 60er Jahre sprach man hier bei uns wegen der ständig anwachsenden Bevölkerungszahl von einer gelben Gefahr, man befürchtete eine gewaltsame Ausbreitung des Landes. Doch in China ist durch gewisse Reformen ein Umdenken in der Familienpolitik als auch in der Bildungs- und Wirtschaftspolitik erfolgt, was dem Land in seiner weltlichen Repräsentation einen enormen Schub gegeben hat. Man kann sich mittlerweile einen Handel ohne China auf dem Weltmarkt gar nicht mehr vorstellen, ein reger Austausch der großen Industrienationen ist im vollen Gange. Trotz all dieser Vorteile sind die Menschen in diesem so großen Lande nicht zufrieden, sie fühlen sich in ihrer Lebensgestaltung nicht frei. Verletzungen der Menschenrechte, Einschränkungen der Meinungs- und Pressefreiheit sind Dinge, die in den Herzen der jüngeren Generationen brodelt und gegen die sie versuchen sich zur Wehr zu setzen. Ich hoffe, ja ich glaube sogar daran, dass in einem Land wie China als auch in einigen anderen diktatorisch geführten Ländern so etwas wie Demokratie einkehrt. Es wird aufgrund anderer Wertevorstellungen nicht eine Demokratie sein, so wie wir sie hier bei uns in Deutschland haben, wichtig erscheint mir das die Menschen sich dort wie Menschen fühlen und auch so handeln können. Ich habe die Demonstrationen in vielen Ländern der Welt erwähnt und mit China hier als Beispiel genommen, wo Demonstrationen untersagt und auf das Brutalste bekämpft werden.

Anders ist es hier bei uns, da gilt das Demonstrationsrecht. Die Bürger können zu jeder Zeit ihren Unmut gegen einen Gesetzerlass vom Staat oder zum Beispiel tarifliche Vereinbarungen, um mal zwei zu nennen, auf der Straße zeigen. Voraussetzung ist die Besonnenheit der Bürger und nicht, wie jüngst in vielen Städten unserer Republik ein Treffen von Krawallmachern und extrem politisch anders denkender Personen. Eine Demokratie sollte lebendig sein, neben dem Freiheitsgedanken hat das Wohl der Menschen im Mittelpunkt zu stehen. Sie mitzunehmen bei politischen Entscheidungen, ihre Ängste und Nöte wahrnehmen, sie in eine gesicherte Zukunft führen, all dieses sind Sachen, die man von einer verantwortlichen Politik erwartet. Man hat uns, jetzt komm ich auf die im Augenblick laufenden Demonstrationen hier bei uns, all dieses scheinbar nicht gemacht. Ich habe in meinen Wertevorstellungen auf Missstände in der Politik und der Gesellschaft hingewiesen und einiges davon bemängelt der Bürger nun beim Gang auf der Straße. Die politisch Verantwortlichen haben so manches unter den sogenannten Teppich gekehrt, sie haben mit Versprechungen versucht den Bürger ruhig zu stellen und ein gewisses Fingerspitzengefühl vermissen lassen, die Folgen daraus nicht wahrnehmen zu wollen. Man hat verabschiedete Gesetzesentwürfe nicht klar definiert, Lücken frei gelassen, so dass man sie wir ein Kaugummi hat ziehen und in mehreren Fassetten auslegen können. So schön wie eine Demokratie für den Menschen ist, sie hat, wie man immer wieder sieht, auch ihre Kehrseiten, wenn man nicht offen und ehrlich dem Bürger gegenüber tritt. Man kann die Menschen bis zu einem gewissen Punkt hinhalten, doch irgendwann läuft das Fass über und das zeigen sie dann in unterschiedlichster Weise auf der Straße. Es gibt rechtsextreme Strömungen in unserer Republik, die solch eine Unzufriedenheit ausnutzen und einer friedlichen Demonstration ein anderes Gesicht, ich habe da in meinen Ausführungen den Begriff Fratze verwendet, verpassen wollen. Themen, wie die jüngst aktuelle Zuwanderung von Flüchtlingen aus Krisengebieten wie Syrien und dem afrikanischen Raum nehmen sie als Anlass den Ausländerhass, der sich hier und da vorhanden ist, weiter zu schüren. Wir hier in Deutschland haben Gott weiß keinen Grund diesen Schergen das Feld zu überlassen, doch auch in vielen Ländern um uns herum tun sich Parteien auf, die in diese Richtung tendieren.

Zwei Faktoren machen mir große Sorgen in unserer Gesellschaft. Da ist zum Einen die Unersättlichkeit, sprich die Gier und zum anderen der Hass auf Menschen, die anders sind als wir. Ich will sie nicht als rein deutsche Tugenden bezeichnen, es ist wie schon angedeutet ein europäisches Problem. Diese negativen Eigenschaften sind maßgeblich an dem Zerfall einiger Werte in unserer Gesellschaft verantwortlich. Der Drang nach Profit und Reichtum verdunkelt bei einigen Personen den Blick zu den Menschen die am Rande unserer Gesellschaft leben. Es gibt Personen die schon als Vermögende zur Welt kommen, oder durch glückliche Umstände reich geworden sind. Es gibt aber auch welche, die mit zwielichtigen Geschäften anderen Menschen etwas weggenommen, in die Armut getrieben und sich dadurch bereichert haben. Von ihnen ist ein solidarisches Verhalten nicht zu erwarten. Dieses Verhalten und diese Intoleranz ziehen sich mittlerweile durch alle Schichten der Gesellschaft. Ich erwarte von der Politik, dass sie versucht, alle Bürger dieses Landes in ihren finanziellen Ausrichtungen mitzunehmen, so dass möglichst wenige auf der Strecke bleiben. Dieses dürfte in so einem reichen Land wie Deutschland sicher kein Problem sein. Die junge Gesellschaft sollte, von dem was sie sich erarbeiten, leben und eine Familie gründen können. Die ältere, in Ruhestand befindende Generation, von dem was sie über Jahre einbezahlt haben, ihren Lebensabend bestreiten können. Diese zwei Faktoren sind aber nur in einer Solidargesellschaft zu bewältigen, in der jeder Bürger sich seiner Verantwortung bewusst ist. Wir werden wegen unseres Wohlstandes in der ganzen Welt beneidet und die Politik sollte wachsam sein, dass dieser Wohlstand nicht in eine Schieflage gerät. Armut in allen Gesellschaftsschichten steht unserem Staat nicht gut zu Gesicht.

Die deutsche Wirtschaft steht solchen Bewegungen sehr skeptisch gegenüber, denn aufgrund der demographischen Entwicklung hier in unserem Land braucht man mehr Zuwanderung um auf dem Weltmarkt weiter konkurrieren und bestehen zu können. Ich bin davon überzeugt, dass die Menschen, die aus Angst um ihr Leben ihre Heimat verlassen und zu uns kommen, mit ihrer

Intelligenz und Fachwissen uns weiterhelfen können. Man erinnere sich doch mal an die Zeiten der 60er Jahre, wo Menschen aus vielen europäischen Ländern zu uns nach Deutschland kamen um die Wirtschaft auf Vordermann zu bringen. Im Kohlebergbau unter Tage standen sich polnische, griechische und italienische Gastarbeiter, so nannte man damals die Zugereisten, in harter Knochenarbeit gegenüber. Alle diese Menschen haben das Leben in der Gesellschaft mitgeprägt, sie haben die Werte der Menschen angenommen. Viele dieser sogenannten Gastarbeiter sind nicht mehr in ihr Heimatland zurückgekehrt, so wie man es eigentlich angenommen hatte. Sie wurden bei uns sesshaft und machten ihr Ursprungsland zum Urlaubsland. Die Griechen mit ihren Restaurant, die Italiener mit den Pizzerien und die Polen mit ihren guten Fußballern im Ruhrgebiet, ich erinnere da an Schalke, haben uns da bis zum heutigen Tage viel Freude bereitet. Den Verein Schalke, nach wie vor ein Aushängeschild im deutschen Fußball, hätte es vielleicht in dieser Größe gar nicht gegeben, wenn es da nicht diese Personen mit den Schlusssilben „ski" am Namensende gegeben hätte. Diese polnischen Spieler mit ihrem feinen Ballgefühl haben den berühmten „Schalker Kreisel" erst hoffähig gemacht, sie haben die Zuschauer magisch angezogen und sind von ihnen bejubelt und verehrt worden. Ich bin davon überzeugt, viele von denen die gegen Zuwanderung protestieren gehen gerne in griechische und italienische Restaurants um sich an deren Spezialitäten zu laben, oder ihren Urlaub in deren Ländern verbringen. Dieses passt nicht zusammen und diejenigen sollten sich mal hinterfragen, ob sie noch ehrlich mit sich selbst und Anderen umgehen. Wir Deutschen haben doch der Welt gezeigt, wie stark der Wille nach Freiheit durch die Zusammenführung von Ost und West sein kann und nun können wir nicht hingehen und anderen Menschen, die zu uns kommen wollen, dieses Recht auf Freiheit verwehren. Deutschland ist ein so schönes und ein so reiches Land und wir sollten uns nicht einreden, dass uns diese Menschen davon etwas wegnehmen und sich daran etwas ändert. Alle in unserem Land, angefangen vom kleinen Mann auf der Straße bis hin zu den politisch Verantwortlichen, können nun wiederum der Welt beweisen, was Deutschland ist und was uns auszeichnet. Nur eines und dieses zeigte sich jüngst in der deutschen Politik dürfen die Verantwortlichen nicht machen, sich als eine Art Wortführer und Lehrmeister Europas aufspielen. Dieses lässt unsere Geschichtsvergangenheit nicht zu. Wir sind zwar zu stärksten Wirtschaftskraft innerhalb der Europäischen Union aufgestiegen, sollten aber Werte wie Demut und Bescheidenheit nicht aus den Augen verlieren. Diese Art aufzutreten hat bei einigen Ländern einen faden Beigeschmack hinterlassen. Unsere Stärke sollten wir dazu benutzen, Europa zu einer Interessengemeinschaft zu führen. Mit all seinen unterschiedlichen Werten, Kulturen und religiösen Ansichten, dann wäre diese Gemeinschaft gerüstet, den globalen Ansprüchen in der Welt gerecht zu werden. Europa muss aufpassen, ihre Grundideen nicht aus den Augen zu verlieren. Diese Marschroute in Einbezug aller Staaten und deren Bürger beizubehalten. Ich habe Bedenken, dass durch eine gewisse Amtsmüdigkeit in Brüssel dieses nicht mehr gewährleistet.

Unterschiedliche Interessen und Ansprüche einzelner Länder in dieser Union haben bis zum heutigen Tag zu einer Instabilität geführt, Europa hat kein einheitliches Konzept. Die Griechenlandfrage war lange Zeit das dominierende Gesprächsthema in der deutschen als auch in der europäischen Politik, die von Brüssel ausgeht. Für den Mann auf der Straße schien es wie ein Kasperltheater zwischen den Regierungsblöcken. Er hat vieles, was da finanziell gelaufen ist, nicht verstanden und an die eigenen Probleme in seinem Land gedacht. Dieses, für viele Touristen schöne Urlaubsland, hat sich selbst in diese Schwierigkeiten gebracht und hätte sich eher auf wichtige Strukturänderungen besinnen sollen.

Ich habe in meinen Ausführungen vieles angemahnt und auf Kernprobleme hingewiesen, doch es sollte nicht meine Absicht sein zu viel Negatives darstellen zu wollen. Ich mache mir halt Sorgen, wie so vielen Menschen mit denen ich gesprochen und diskutiert habe, um die Zukunft der Menschen und vor allen Dingen der nachfolgenden Generationen. Papst Franziskus, für viele der Hoffnungsträger in dieser augenblicklich so unruhigen Welt, erhebt immer öfter den Zeigefinger und spricht die Probleme, die uns alle sehr bedrücken klar und deutlich an. Er mahnt zu mehr Brüderlichkeit unter den Völkern, er weist auf mehr Demut, Besonnenheit und Nächstenliebe hin und lebt es den Mächtigen dieser Welt vor. Bei einer Zusammenkunft der Kurie im Vatikan ließ er den dort anwesenden Kardinälen gegenüber eine heftige Standpauke vom Stapel. Er sprach von „geistliches Alzheimertum", Arroganz und Gierhabe, er ließ kein gutes Haar an den gutgenährten Würdenträgern. In den gezeigten Fernsehbildern konnte man bei einigen schon eine Bestürzung in ihrem Gesichtsausdruck erkennen, es war sicherlich die Sorge um ihr bisher so sorgenfreies und wohltuendes Leben. Man spricht im Vatikan, ich zitiere Pressemitteilungen, von vorhandener Korruption von großen Summen sogenannter Schwarzgelder, was in keinen Büchern aufgeführt ist, für christliche Verhältnisse eine Schande. Diese Unkorrektheiten lässt der Pabst überprüfen und möglichst schnell beheben. Er möchte weiteren Schaden von der Kirche abwenden und ein Zeichen in Richtung gewisser Werte setzen. Es gibt weiß Gott Dinge in der Welt, die uns Europäer wichtiger erscheinen sollten und hier meine ich als allererstes die sich enorm zuspitzende Flüchtlingskrise. Die europäischen Staaten und hier sicherlich auch unsere Verantwortlichen in Wirtschaft und Politik sind zu spät aus ihrem Dornröschenschlaf erwacht, haben eine sich anbahnende Situation nicht früh genug erkannt. Es wurde in den Parteien viel über Integration gesprochen, doch ein klares

Konzept lag bei keiner Partei auf dem Tisch. Durch den sich enorm steigenden Zustrom ausländischer Flüchtlinge, sei es aus den Kriegsgebieten oder aus wirtschaftlich schwachen Staaten, steht Europa sicherlich vor der größten Zerreißprobe des 21. Jahrhunderts. Es geh um die Einhaltung gewisser Grundwerte den Menschen gegenüber, die aus Angst um ihr Leben ihre Heimat verlassen. Sie machen sich auf den langen und nicht gerade ungefährlichen Weg zu uns nach Europa, in dem Glauben, Werte wie Freiheit, Gerechtigkeit und Menschenwürde vorzufinden. Die Menschen hier bei uns in Deutschland haben spontan ihre Herzen geöffnet und den Menschen aus den Kriegsgebieten willkommen geheißen.

Andere Staaten, die zur europäischen Union gehören, sträuben sich vernehmend dagegen Flüchtlinge aufzunehmen. Hier denke ich an die Länder des ehemaligen Ostblocks, die sogar ihre Grenzen durch hohe Stacheldrahtzäune vor dem Zustrom von Flüchtlingen schützen. Gerade sie müssten doch aus ihrer Geschichte heraus eine andere Einstellung Menschen gegenüber an den Tag legen. Ich denke da an die militärischen Auseinandersetzungen im Jugoslawienkrieg und an die unter brutalen Diktaturen geführten Länder, wo Menschen Zuflucht in anderen Ländern gesucht und gefunden haben. Hier sollte Brüssel ganz schnell ein Zeichen setzen und für ganz Europa eine vernünftige rasche Lösung finden.

Wir haben seit dem 2. Weltkrieg unwahrscheinlich viel geschafft und so manche kritische Situation gemeistert und wir müssten nach der Wiedervereinigung auch diese sicherlich schwierige Situation in den Griff bekommen. Dazu müssen alle Kräfte gebündelt und klare Verhältnisse geschaffen werden. Diese Flüchtlingsfrage ist sicherlich keine Momentaufnahme, nein sie wird uns noch über viele Jahre hinaus beschäftigen. Klare

Strukturen, welche Personen gewähren wir Asylrecht und wer hat keine Berechtigung hie bei uns zu bleiben. Diese Verfahren müssen schnellstens erledigt werden, damit die Kommunen in Sachen Betreuung vernünftig planen können. Das Erlernen der deutschen Sprache und die Achtung und Einhaltung der im Grundgesetz verankerten Regeln sei unabdingbar für eine erfolgreiche Integration.

Kurz vor dem Abschluss meines Manuskriptes erreichte mich die Nachricht vom Tode Helmut Schmidt´s. Trotz seiner 96 Jahre war ich sehr traurig, da ich diesen Menschen in seiner ganzen Art und Weise sehr geschätzt und respektiert habe. Er einer der wohl größten Staatsmänner der Vergangenheit und bis zu seinem Tode auch der Gegenwart, verkörperte einige Werte, die mir für unsere Gesellschaft wo wichtig erscheinen. Er war einer Derjenigen, die Deutschland nach dem 2. Weltkrieg wieder ein Gesicht gegeben haben. Ehrlich- und Glaubwürdigkeit, Menschlichkeit, Standhaftigkeit in seinen Beschlüssen als Kanzler dieser Nation, Werte um nur einige zu nennen, die man bei Politikern heutiger Zeit leider vermisst. Er verkörperte einen Politiker der für Freiheit und sozialer Gerechtigkeit in einer demokratischen Landschaft all sein Wissen und seine Kraft einzusetzen verstand. Helmut Schmidt hat sich keiner Verantwortung entzogen, im Gegenteil, auch wenn ihm die Gefolgschaft der eigenen Partei versagt schien, setzte er seinen scharfsinnigen Verstand und Willen durch. Man erinnere sich nur an den Nato-Doppelbeschluss. Er kannte kein Wischi-Waschi, kein „aber“, kein „vielleicht“, wie man es heute in der Politik des Öfteren erlebt. Helmut Schmidt war ein gestandener und von zwei Weltkriegen geprägter Mann, der absolut wusste was er wollte und sich in keinerlei Weise verbiegen ließ. Dies Tugenden, nein ich fasse es ja in Werten, haben ihm nicht nur in Deutschland Anerkennung und Sympathien zukommen lassen, er war ein überzeugter Europäer und angesehen in der ganzen Welt. Ich habe in meinen Ausführungen von der Globalisierung geschrieben, Helmut Schmidt war einer der Ersten, die dieses Wort n den Mund nahmen. Er war in vielen Sachen seinen Mitstreitern und politischen Gegnern einen Schritt voraus. Ich habe mir in der Zeit seiner politischen Verantwortung gerne die Debatten im Bundestag angeschaut. Da war, wie sagt man so schön im Volksmund „Schmackes“ drin, da wurde mit Sach- und Fachverstand um die Gunst der Wähler gerungen. Heute macht sich Langeweile in den Debatten breit, die Menschen fühlen sich nicht mehr regiert und mitgenommen. Ich erinnere mal kurz an wichtige Entscheidungen bei der Flutkatastrophe in Hamburg, an die Zeit der RAF und den Nato-Doppelbeschluss, er war die prägende Person in all diesen Fällen. Wie würde ein Helmut Schmidt im Vollbesitz seiner Kräfte die momentane Flüchtlingssituation angehen? Ich bin mir sicher unter den Staaten der Europäischen Union gäbe es nicht diese Unstimmigkeiten wie in jüngster Zeit. Das Aufstellen von Zäunen, um den Flüchtlingen den Zugang in die Freiheit zu verwehren, wäre mit ihm nicht verhandelbar gewesen. Er hätte durch strategisch gut geführter Politik es erst gar nicht dazu kommen lassen, allein der Gedanke wäre schon gar nicht aufgekommen. Es wäre was die Stabilität angeht ein anderes Europa, diese nehme ich für mich in Anspruch. Diese Generation Politiker gibt es, ich wiederhole mich, leider heute nicht mehr. In Bezug auf die Flüchtlingssituation wird jede Woche eine andere Sau durchs Dorf getrieben. Keiner der verantwortlichen Politiker hat ein klares Konzept und dies in einer so prekären Lage in der Europa augenblicklich steckt. Dem rechten Rand hier bei uns in Deutschland als auch in anderen europäischen Ländern wird ein Menü serviert, was er mit Genugtuung annimmt. Wenn oben gewisse Werte verloren gehen, spiegelt sich diese unten wieder. Die Gefahr besteht darin, dass der mündige Bürger ein Scheißegal-Gefühl entwickelt und somit Werten keine große Bedeutung zukommen lässt. Diese Tendenz deutet sich in vielen Fällen leider schon an und dieses ist fatal. Drum sage ich, es wäre schön, jeder von uns würde etwas von Helmut Schmidt in sich tragen, dann würde diese Welt mit Sicherheit anders aussehen.

Die Würde der Menschen ist unantastbar, ein Wert der in einem Land wie das unsere mit den unterschiedlichen Kulturen und Religionen gewährt bleiben muss. Wir sollten versuchen, Menschen die zu uns kommen, geduldsam an unsere Welt heranzuführen. Sicher ein Prozess der seine Zeit braucht und der auch bei dem einen oder anderen Menschen auf Widerstand stößt. Menschen die sich grundsätzlich unseren Grundwerten entgegenstellen, sollten unser Land verlassen. Sie stören nicht nur den sozialen Frieden in unserem Land, sondern sie stellen ihre eigenen Landsleute in ein schlechtes Licht. Apropos sozialer Friede, der kann nur gewahrt bleiben, wenn, wie ich schon erwähnt habe, vernünftig, schnell, mit Herz und Augenmaß das Flüchtlingsproblem angegangen wird.

Der Papst weiß um die Nöte vieler Menschen auf Erden, kennt ihre Armut, ihre Ängste vor tödlichen Krankheiten. Er kennt aber auch die andere Seite der Medaille, da wo Menschen in Saul und Braus leben und arrogant und hochnäsig über die Probleme anderer hinweg schauen. Er kennt die Mächtigen dieser Welt, weiß wie sie ticken und welche Gefahr eventuell von ihnen ausgehen kann. Er spricht, wie auch einige seiner Vorgänger, diese Gedanken oft an und die Menschen so glaube ich, spüren eine besondere Ausstrahlung, die von ihm ausgeht, die Kraft seiner Worte und die seines Herzens sind ein Gebilde, er ist ein starker Franziskaner. Gewisse Recherchen haben auch ergeben, dass der Vatikan immer eine enge Verbindung mit Clans der Mafia hatte. Unter dem Deckmantel des christlichen Glaubens erschlichen sich gewisse Paten ersichtliche Vorteile. Kirchliche als auch gesetzliche Vertreter, die sich diesen Leuten in den Weg stellten, wurden kurzerhand liquidiert. An dieses Geschwür will der heutige Papst ran und versuchen, einige zu ändern. Er ist derjenige, der die Mafia öffentlich auf Großveranstaltungen anklagt und exhuminiziert hat. Für die dem Syndikat angehören, wird der Zugang zur Kirche und somit zum Erhalt christlicher Sakramente verwehrt. Er duldet nicht den Missbrauch des Glaubens durch diese schreckliche Organisation.

Mit der Niederschrift „Sind unsere Werte noch was wert?", habe ich versucht, mit den Gedanken und Worten der Menschen auf der Straße etwas zum Ausdruck zu bringen. So wie ich sie in vielen Unterhaltungen und Diskussionen erlebt habe, mit ihren ureigensten Ausdrücken. Diese von mir sicher breit angelegtes Spektrum in Bezug auf Werte soll bitte nicht als eine Art Motzerei angesehen werden, sondern an die von mir angeführten Instanzen appellieren, sich über einiges mal Gedanken zu machen. Die Globalisierung hat sicherlich diese Welt verändert, doch wir sollten nicht den Fehler machen, uns von Werten verabschieden, die unsere Gesellschaft bis jetzt einigermaßen zusammen gehalten haben. Hier denke ich an Werte die im zwischenmenschlichen Bereich eine Rolle spielen. Werte dürfen keine leeren Hüllen sein, so wie es sich mittlerweile in vielen Sachen andeutet. Nein, man muss sie wieder füllen und gerade in Zeiten wie wir sie jetzt mit der Zuwanderung erleben. Wo sich ein schleichender Prozess von Abneigung hin zum Hass gegen Menschen auftut, die unsere Hilfe dringend benötigen. Hass und Abneigung ist Deutschland schon einmal zum Verhängnis geworden und wir sollten uns nicht durch rechtsgerichtete Gruppen nochmals dazu hinreißen lassen. Zuwanderung, dieses Thema wird für den europäischen Kontinent auch in den nächsten Jahrzehnten noch Gültigkeit haben, wenn sich in den afrikanischen Staaten nicht schnellstens was ändert.

Hier muss Europa durch eine vernünftige und zielgerichtete Politik ein Zeichen setzen.

Egoismus und Gier, zwei von mir schon beschriebene Faktoren, zersetzen das Leben auf unserem Planeten. Einiges von dem, was ich in meinen Ausführungen angemahnt habe, wird sich bevor es dem Leser zuteilwird, eventuell relativiert und geändert haben. Doch einiges und davon bin ich überzeugt, wird leider noch länger Bestand haben und ich hoffe nicht, sich weiter verschlechtern. Ich denke da an Probleme mit der Umwelt, der Ernährung, Gegensätze in Politik, Kultur und Religion unter den einzelnen Völkern, um einige wichtige zu nennen. Es bedarf starker Persönlichkeiten in allen Ländern der Erde um der Welt ein etwas friedlicheres Gesicht zu geben.

Hoffnungen habe ich, dass durch den Austausch von Studenten unter einzelnen Ländern Werte und Wissen vermittelt wird, die gewissen Machthabern, die die Grundwerte der Gesellschaft missachten, das Regieren schwerer machen und sie den Druck auf ihre Untergebenen nicht aufrecht halten können. Der Gedanke an Demokratie, egal in welcher Form auch, muss Bestand haben, in den Köpfen dieser jungen Menschen. Wissen ist Macht und aus der Vermittlung von Wissen unter den jungen Generationen erhoffe ich mir diese starken Persönlichkeiten. Durch meine Anregungen in Bezug auf Werte wünsche ich mir ein anderes Verhalten in Familien, Schule bis hin zu den höchsten politischen Instanzen, damit der Appell des Papstes zu mehr Brüderlichkeit unter den Völkern fruchtbaren Boden erhält. Wenn wir alle in diesem Land im täglichen Umgang miteinander positiv an gewisse Dinge herangehen, uns bestimmte Werte wieder zu eigen machen, dann kann der sich fortbewegende negative Trend gestoppt werden.

FSC
www.fsc.org
MIX
Papier | Fördert
gute Waldnutzung
FSC® C083411

Kolibri 360 GmbH
Ferdinand-Jühlke-Straße 7
99095 Erfurt, Deutschland
produktsicherheit@kolibri360.de